新时代乡村振兴丛书

赵建　杨菁　巩华◎主编

鳢

健康养殖技术

U0781908

SPM 南方传媒　广东科技出版社
全国优秀出版社

· 广 州 ·

图书在版编目（CIP）数据

鳢健康养殖技术 / 赵建，杨菁，巩华主编. -- 广州：
广东科技出版社，2025.3. --（新时代乡村振兴丛书）.
ISBN 978-7-5359-8435-7

Ⅰ. S965.199

中国国家版本馆CIP数据核字第2025DW1037号

鳢健康养殖技术
Li Jiankang Yangzhi Jishu

出 版 人：	严奉强
责任编辑：	尉义明　曹雪薇
装帧设计：	柳国雄
责任校对：	曾乐慧　李云柯
责任印制：	彭海波
出版发行：	广东科技出版社
	（广州市环市东路水荫路11号　邮政编码：510075）

销售热线：020-37607413

https://www.gdstp.com.cn

E-mail：gdkjbw@nfcb.com.cn

经　　销：	广东新华发行集团股份有限公司
排　　版：	创溢文化
印　　刷：	广州市东盛彩印有限公司
	（广州市增城区新塘镇上邵村第四社企岗厂房A1　邮政编码：510700）
规　　格：	889 mm×1 194 mm　1/32　印张4.25　字数150千
版　　次：	2025年3月第1版
	2025年3月第1次印刷
定　　价：	30.00元

《鳢健康养殖技术》
编委会

前言

　　鳢是攀鲈目（Anabantiformes）鳢科（Channidae）鱼类的统称，原产于东亚、南亚和东南亚，现几乎遍布整个亚洲，在北美地区成为入侵物种。鳢的记载最早出现在我国的《诗经》中，也在《神农本草经》《本草纲目》等医学典籍中出现，在传统药食同源文化中具有重要地位。目前，鳢已成为我国重要的淡水经济鱼类，年养殖产量达60多万吨，成为珠三角等淡水鱼类主产区的农业支柱产业之一，为乡村振兴和农民致富作出贡献。

　　本书系统介绍了鳢的种类与分布、生物学特征和主要养殖品种（良种）、人工繁殖、苗种培育、成鱼健康养殖、营养需求与饲料、主要病害与防控、加工与运输等技术内容。本书作为"新时代乡村振兴丛书"之一，用规范、通俗、易懂的方式，将相关产业中的创新实用技术、经验方法呈现给读者。

　　本书出版获中国-东盟渔业资源保护与开发利用、国家特色淡水鱼产业技术体系（CARS-46）、广东省中山市三角镇生鱼省级现代农业产业园等支持。书中大部分内容为研究团队多年来开展鳢遗传育种研究工作中取得的成果，同时为了使读者更加全面了解鳢的相关知识，也将国内外其他研究团队的成果进行了介绍，并列出参考文献。本书可供广大研究人员、养殖户与技术人员参考。

　　由于编者能力有限，书中不足之处，敬请广大读者朋友批评指正。

编　者

2025年1月

目 录

第一章
鳢的种质资源状况

一、鳢的名称与由来

在民间传说中，乌鳢由仙界下凡，每到夜晚，总要朝北斗七星致礼，于是称之为"鳢"。

鳢是我国常见的鱼类之一。《诗经·小雅·鱼丽》提到："鱼丽于罶，鲂鳢。"这说明鳢在我国的历史记载十分久远。鳢作为食物在我国也具有悠久的历史，在考古发掘的众多河姆渡文化和良渚文化的遗址中，出土了大批的鱼类骨头，以乌鳢、鲤、鲫、鲶和花鲈为主，其中乌鳢始终占据主要地位（潘艳 等，2018）。这表明，早在7 000年前，乌鳢就已成为我国主要的食用鱼类。在2 000多年前的《神农本草经·上品·虫鱼部·蠡鱼》中对鳢也有记载："味甘寒。主湿痹，面目浮肿，下大水。一名鲖鱼。生池泽。"乌鳢被列为"虫鱼上品"，是十分珍贵的美食（马继兴，2013）。《本草纲目》中将鳢作为药用食品也有描述："鳢首有七星，夜朝北斗，有自然之礼，故谓之鳢。又与鱼也，故有玄、黑诸名。"鳢具有祛瘀生新、滋补调养等功效。外科手术后，食用鳢具有生肌补血、促进伤口愈合的作用；鳢还可下乳，常用于产妇产后缺乳。

人们在对鳢的观察中发现，鳢在孵化过程中，看上去视力不佳，看不见食物，很少进食。特别是母鱼，在产卵后身体逐渐瘦弱，老是张着大嘴喝水或喘气。鳢幼鱼孵出来后，一部分幼鱼会主动游到母鱼的嘴里。人们认为这是鳢幼鱼在牺牲自己，甘当供品，成为母亲的食物，报答其养育之恩，是一种行孝的行为。因此，鳢在民间也被称为"孝鱼"。实际上，这是当母鱼感受到有危险的时候，为了保护幼鱼不受伤害，张开嘴巴让幼鱼藏在嘴里躲避危险的一种护幼行为（陈修筑 等，2012）。

二、鳢的生物学特征

　　鳢是攀鲈目（Anabantiformes）鳢科（Channidae）鱼类的统称。鳢科鱼类曾归类于鲈形目（Perciformes）攀鲈亚目（Anabantoidei），但随着更多的研究发现，鲈形目其实是一个错综复杂的并系群。2014年，鲈形目被大规模地拆分和调整，鲈形目中的攀鲈亚目被提升为攀鲈目，鳢科也随之被归到攀鲈目中（Nelson et al.，2016）。鳢科鱼类身体修长，呈圆筒形或棒形，头顶平，身体后部侧扁。口大而开于吻端，下颌略突出；上下颌、锄骨和腭骨均具齿，齿锐利。由第一鳃弓上鳃骨及舌颌骨构成的鳃上器作为辅助呼吸器官。体及头部均被圆鳞，头顶鳞片特大，颇似蛇头；侧线完全。背鳍和臀鳍基底甚长；胸鳍存在；具腹鳍或消失；尾鳍圆形；各鳍均无硬棘。

　　鳢科鱼类多栖息于江河底部，为淡水底栖鱼类，一般多在沿岸水草丛、堤岸洞穴或淤泥底质的浅水域活动，具辅助呼吸器官，可生活于混浊或溶氧量低的环境，短时间离水也不会死亡。鳢性凶猛，肉食性，以掠食鱼类、虾类、两栖类及水生昆虫为生。成鱼在产卵时及幼鱼刚孵化时均有护幼的习性。

三、鳢的种类与分布

　　鳢科鱼类包含2个属，鳢属（Channa）、副鳢属（Parachanna）（Froese and Pauly，2024），具体分布地如表1-1所示。

　　鳢属中有47个种，包括东方鳢（Channa orientalis）、月鳢（Channa asiatica）、翠鳢（Channa punctata）、线鳢（Channa striata）、斑鳢（Channa maculata）、巴卡鳢（Channa barca）、

宽额鳢（*Channa gachua*）、似眼鳢（*Channa marulius*）、带鳢（*Channa lucius*）、小盾鳢（*Channa micropeltes*）、乌鳢（*Channa argus*）、双栖鳢（*Channa amphibius*）、眼鳢（*Channa marulioides*）、黑体鳢（*Channa melasoma*）、侧眼鳢（*Channa pleurophthalmus*）、斑卡鳢（*Channa bankanensis*）、钝吻鳢（*Channa cyanospilos*）、黑鳍鳢（*Channa melanoptera*）、拟眼鳢（*Channa pseudomarulius*）、红鳢（*Channa diplogramma*）、斯氏鳢（*Channa stewartii*）、巴兰鳢（*Channa baramensis*）、茵列鳢（*Channa harcourtbutleri*）、缅甸鳢（*Channa burmanica*）、布氏鳢（*Channa bleheri*）、帕瑙鳢（*Channa panaw*）、橙斑鳢（*Channa aurantimaculata*）、夜鳢（*Channa nox*）、美鳢（*Channa pulchra*）、饰鳍鳢（*Channa ornatipinnis*）、纵条鳢（*Channa hoaluensis*）、黑斑鳢（*Channa melanostigma*）、宁平鳢（*Channa ninhbinhensis*）、长嘴鳢（*Channa longistomata*）、阿萨姆鳢（*Channa andrao*）、*Channa aurantipectoralis*、豹纹鳢（*Channa pardalis*）、*Channa pomanensis*、真言鳢（*Channa shingon*）、*Channa rara*、显斑鳢（*Channa stiktos*）、*Channa brunnea*、阿氏鳢（*Channa aristonei*）、*Channa rubora*、*Channa coccinea*、*Channa pyrophthalmus*、*Channa rakhinica*。

　　鳢属原产于东亚、南亚和东南亚，现几乎遍布整个亚洲，在北美地区也有分布。其中，在中国分布的有乌鳢、斑鳢、月鳢、宽额鳢、线鳢、翠鳢、夜鳢、黑斑鳢、*Channa pomanensis*和真言鳢。乌鳢在中国长江流域至黑龙江流域广泛分布，在俄罗斯远东地区、朝鲜、韩国以及日本也都有分布。斑鳢主要分布在中国长江流域以南各水系，在日本、越南和菲律宾等地也广泛分布。月鳢主要分布于中国长江流域以南各水系，在越南红河水系也有分布。宽额鳢在中国主要分布于大盈江和瑞丽江的干流及其支流、南汀河、澜沧江及其支流、海南各水系中，从阿富汗、巴基斯坦、斯里兰卡到湄公河流域和印度尼西亚等南亚、东南亚地区也广泛分布。线鳢在中国主要分布于华南和西南地区，在巴基斯坦、印度、尼泊尔南部、孟加拉国、斯里兰卡，以及东南亚地区都广泛分布。翠鳢在中国仅分布于云南地区，主要分布于阿富汗、巴基斯坦、印度、斯里兰卡、尼泊尔、孟加拉国和缅甸。夜鳢是2002年在广西合浦发现的新种，现仅发现分布于发现地附近的小范围内。黑斑鳢分布于中国西藏察隅河、雅鲁藏布江。*Channa pomanensis*分布于中国西藏卡门河。真言鳢2017年发现于云南独龙江和怒江流域。其他一些重要的鳢属鱼类，主要分布于南亚和东南亚地区，小盾鳢主要分布于中南半岛、马来半岛、苏门答腊岛和加里曼丹岛，巴卡鳢分布在印度和孟加拉国，眼鳢主要分布在马来西亚、印度尼西亚，带鳢主要分布在泰国至印度尼西亚的东南亚地区，斑卡鳢分布在马来西亚和印度尼西亚。

副鳢属有3个种，暗副鳢（*Parachanna obscura*）、非洲鳢（*Parachanna africana*）、真副鳢（*Parachanna insignis*），都只分布于非洲。

表1-1　鳢科鱼类的种类与分布

属	种	中文名	分布地
Channa	*Channa orientalis*	东方鳢	西至阿富汗、巴基斯坦俾路支省，东至印度尼西亚，南至印度尼西亚南端，覆盖斯里兰卡等低纬度地区
	Channa asiatica	月鳢	长江流域以南各水系，越南红河水系
	Channa punctata	翠鳢	中国云南，阿富汗、巴基斯坦、印度、斯里兰卡、尼泊尔、孟加拉国、缅甸
	Channa striata	线鳢	中国华南和西南地区，巴基斯坦、印度、尼泊尔南部、孟加拉国、斯里兰卡，以及东南亚地区

鳢健康养殖技术

续表

属	种	中文名	分布地
Channa	*Channa maculata*	斑鳢	中国长江流域以南各水系，日本、越南和菲律宾等地
	Channa barca	巴卡鳢	印度和孟加拉国
	Channa gachua	宽额鳢	中国大盈江和瑞丽江的干流及其支流、南汀河、澜沧江及其支流、海南各水系，从阿富汗、巴基斯坦、斯里兰卡到湄公河、印度尼西亚等南亚和东南亚地区
	Channa marulius	似眼鳢	巴基斯坦、印度至泰国、柬埔寨的南亚和东南亚地区
	Channa lucius	带鳢	泰国至印度尼西亚的东南亚地区
	Channa micropeltes	小盾鳢	中南半岛、马来半岛、苏门答腊岛和加里曼丹岛
	Channa argus	乌鳢	中国长江流域至黑龙江流域，俄罗斯远东地区、朝鲜、韩国及日本
	Channa amphibius	双栖鳢	印度、不丹
	Channa marulioides	眼鳢	马来西亚、印度尼西亚
	Channa melasoma	黑体鳢	老挝、泰国至印度尼西亚，菲律宾
	Channa pleurophthalmus	侧眼鳢	苏门答腊岛、加里曼丹岛
	Channa bankanensis	斑卡鳢	马来西亚、印度尼西亚
	Channa cyanospilos	钝吻鳢	印度尼西亚
	Channa melanoptera	黑鳍鳢	印度尼西亚
	Channa pseudomarulius	拟眼鳢	印度半岛西高止山脉南部

续表

属	种	中文名	分布地
Channa	*Channa diplogramma*	红鳢	印度喀拉拉邦科钦
	Channa stewartii	斯氏鳢	喜马拉雅山脉东部
	Channa baramensis	巴兰鳢	马来西亚
	Channa harcourtbutleri	茵列鳢	缅甸
	Channa burmanica	缅甸鳢	缅甸
	Channa bleheri	布氏鳢	印度
	Channa panaw	帕瑙鳢	缅甸伊洛瓦底江和锡当河
	Channa aurantimaculata	橙斑鳢	印度
	Channa nox	夜鳢	中国广西
	Channa pulchra	美鳢	缅甸若开邦
	Channa ornatipinnis	饰鳍鳢	缅甸若开邦
	Channa hoaluensis	纵条鳢	越南
	Channa melanostigma	黑斑鳢	中国西藏察隅河、雅鲁藏布江
	Channa ninhbinhensis	宁平鳢	越南
	Channa longistomata	长嘴鳢	越南
	Channa andrao	阿萨姆鳢	印度西孟加拉邦
	Channa aurantipectoralis		印度米佐拉姆邦
	Channa pardalis	豹纹鳢	印度梅加拉亚邦
	Channa pomanensis		中国西藏卡门河
	Channa shingon	真言鳢	中国云南独龙江和怒江
	Channa rara		印度马哈拉施特拉邦
	Channa stiktos	显斑鳢	印度米佐拉姆邦加拉丹河流域
	Channa brunnea		印度西孟加拉邦

续表

属	种	中文名	分布地
Channa	*Channa aristonei*	阿氏鳢	印度东北部梅加拉亚邦东卡西山
	Channa rubora		缅甸克钦邦莫冈南部
	Channa coccinea		缅甸克钦邦北部普塔奥
	Channa pyrophthalmus		缅甸最南端与泰国接壤的德林达依地区
	Channa rakhinica		缅甸若开邦
Parachanna	*Parachanna obscura*	暗副鳢	从塞内加尔至乍得及刚果（布）的广大西非地区
	Parachanna africana	非洲鳢	贝宁南部、尼日利亚
	Parachanna insignis	真副鳢	刚果（布）、刚果（金）、加蓬、中非共和国

第二章
鳢的良种培育

一、鳢的养殖品种

鳢科鱼类自然分布极广,西起中东的伊朗,经南亚、东南亚、中国,到朝鲜半岛、俄罗斯远东地区都有分布。养殖品种包括乌鳢、斑鳢、杂交鳢、月鳢、线鳢、小盾鳢等中大型鳢,下面一一介绍这些养殖品种。

(一)乌鳢

乌鳢(*Channa argus*)俗称黑鱼、财鱼、生鱼、乌鱼、蛇头鱼、孝鱼等,隶属于硬骨鱼纲(Osteichthyes)攀鲈目(Anabantiformes)鳢科(Channidae)鳢属(*Channa*)。乌鳢属于淡水底栖性的鱼类,通常栖息于水草丛生或淤泥底质的水域中,遍布于江河、湖泊、水库、池塘、水田等水域,对水体中的环境因子具有很强的适应性,尤其对溶氧量、水温及水质有很强的适应能力。乌鳢自然分布于中国、朝鲜、日本、韩国,以及俄罗斯(远东地区)。在中国,乌鳢主要集中在长江流域至黑龙江流域,尤其以湖北、湖南、山东等省份居多,有"两湖生鱼"之称,广东养殖户根据其来源称为北方生鱼、湖南生鱼或山东生鱼。

1. 形态特征

乌鳢体细长呈圆筒形,尾部侧扁。头部尖而平扁,颅顶、鳃盖骨及躯干部和尾部体表均被圆鳞。口大,端位,口裂倾斜,下颌向前突出,向后达到眼的后缘。上下颌骨、犁骨、颚骨上均具尖锐的细齿。眼位于头侧前上方。侧线在臀鳍起点上方折断,折断处两段相隔两行鳞片。背鳍、臀鳍均长,伸达至尾鳍基部。胸鳍圆扇形,末端达腹鳍中部。腹鳍短小,不达臀鳍。尾鳍圆形。全身呈灰黑色，背部与头背面较暗，腹部较淡。体侧具有许多不规则黑斑，头侧自眼到鳃盖后缘有2条纵行的黑色条纹，头背面自眼间隔起有显著的"八"字形斑纹。背鳍、臀鳍和尾鳍均具黑白相间的花纹，胸鳍基部具一黑斑［《乌鳢》（SC/T 1052—2002）］。乌鳢的外部形态如图2-1所示。

图2-1　乌鳢的外形

2. 生活与繁殖习性

乌鳢是营底栖生活的、凶猛肉食性鱼类，善跳跃，喜栖息于水草茂盛及水容易浑浊的沿岸泥底、浅水区，潜伏在水草丛中，等待时机追捕食物，夜间有时在水的上层游动。平常游动缓慢，仅摇动其胸鳍以维持身体平衡，当捕捉食物时，则以迅速猛冲的姿态向前突击。乌鳢的食物组成随个体的增长而改变，一般体长在3.0 cm以下的鱼苗以桡足类、枝角类和摇蚊幼虫为食；体长在3.0～8.0 cm的小鱼，以昆虫、小虾和小鱼为食；体长在8.0 cm以上的个体，则以鱼为食物，食物不足时会自相残杀。乌鳢的适应力很强，对水质、温度和其他外界环境条件的要求不苛刻。乌鳢鳃上腔有辅助呼吸器官，在缺氧的水体中能借助辅助呼吸器官，不时将头斜露出水面进行呼吸。离开水体后在无水潮湿的环境中，也能活相当长的时间，夏季3～4天不致死亡，冬季可生活1周之久。冬季停止摄食，蛰居于深水处，或埋在淤泥中越冬。

长江以南地区乌鳢雌鱼、雄鱼性成熟年龄为2龄，长江以北地

区雌鱼性成熟年龄为3龄，雄鱼性成熟年龄为2龄。性成熟个体的性腺每年成熟一次，分批产卵。亲鱼有营巢和护巢行为。卵圆形、亮金黄色，具油球，浮性、无黏性。成熟的乌鳢亲鱼怀卵量与亲鱼个体大小有关。

3. 养殖情况

我国乌鳢的人工繁殖始于20世纪60年代，之后乌鳢人工繁育技术不断突破，养殖技术也日益成熟。从20世纪90年代开始，国内乌鳢养殖规模逐渐扩大，但因为受制于种源、饵料及养殖技术等因素，乌鳢的养殖规模发展缓慢。2003年，乌鳢的养殖产量达 6.16×10^4 t，之后产量稳步提升，到2013年达到了 19×10^4 t。由于杂交鳢的推广养殖，2013年后乌鳢的养殖产量逐渐减少，2014年的产量为 18.6×10^4 t，到2022年，产量减少到 9.2×10^4 t。

（二）斑鳢

斑鳢（*Channa maculata*）俗称黑鱼、生鱼、草鳢、财鱼等，隶属于硬骨鱼纲（Osteichthyes）攀鲈目（Anabantiformes）鳢科（Channidae）鳢属（*Channa*）。斑鳢自然分布于中国、菲律宾、越南及日本等国家。在中国，斑鳢主要集中在珠江及闽江水系，如广东、广西、海南、香港、台湾等，有"两广生鱼"之称，现在广东养殖户依然称斑鳢为港种或本地生鱼。

1. 形态特征

斑鳢体前部圆筒形，后部侧扁。头部扁平，有黏液孔。口大，端位。下颌突出，口裂略斜。上颌及下颌前方有绒毛状齿带；下颌两侧尖锐，犬齿状。头、体部均被圆鳞，头部鳞片呈骨片状。背鳍1个，起点在腹鳍基部上方，后部鳍条伸达尾鳍基部。胸鳍、腹鳍灰色，腹鳍短小，近胸位，起点在胸鳍中部下方，左右腹鳍相互靠近，后端不伸达肛门。头背面两眼间有1条黑色横带，其后有2个"八"字形斑纹，近似呈"一八八"字样；自吻端至鳃盖骨后部、自眼后至胸鳍基部及自眼至上颌中部和上颌骨末端各有1条黑色纵带；背部有1纵行黑斑，体侧有2纵行黑斑。斑鳢外部形态如图2-2所示。

图2-2 斑鳢的外形

2. 生活与繁殖习性

斑鳢属底栖鱼类，栖息于水草茂盛的江、河、湖、池塘、沟渠、小溪中。斑鳢性喜阴暗，昼伏夜出，主要在夜间出来活动觅食。斑鳢能借助辅助呼吸器官呼吸空气中的氧气，所以在极低溶氧量的水体中也能生存，只要体表和鳃部保持一定的湿润，即使没有水体，也能较长时间地生活，或脱水数小时运输都不会死亡。斑鳢的跳跃能力很强，成鱼能跃出水面1.5 m，鱼种也能跃出水面30.0～40.0 cm，所以在下雨天或流水刺激下，会跃出水面或逆流上溯而逃跑，也可在湿润的草地上靠摆动身体前进，寻找新的生活水源。

在水温20～28 ℃时，斑鳢生长速度最快。当温度升高或降低时，其生长速度减慢。11月以后，当水温降低至15 ℃以下时，斑鳢几乎不摄食，基本停止生长。冬季低温期间，完全停止生长，多潜入洞穴或钻入泥层中过冬。

斑鳢产卵期为3—8月，在华南地区，4月中旬至5月为产卵高

潮，繁殖水温为20～32 ℃，最适水温为24～28 ℃。斑鳢的性成熟年龄因地区的不同而有所差异。在华南地区，1冬龄鱼就能繁殖产卵，沿长江地区，2冬龄方能繁殖。斑鳢亲鱼可多次成熟和产卵，卵圆形、淡黄色，具油球，浮性、无黏性。

3. 养殖情况

我国斑鳢的人工繁殖始于20世纪60年代。之后斑鳢人工繁育技术不断突破，养殖技术也日益成熟，从20世纪90年代开始，国内斑鳢养殖规模逐渐扩大，但因为受制于种源、饵料及养殖技术等因素，斑鳢的养殖规模发展缓慢。2003年，斑鳢的养殖产量达 1.05×10^4 t，之后产量稳步提升，到2013年达到了 2.82×10^4 t。后由于杂交鳢的推广养殖，斑鳢的养殖产量有所减少，主要作为杂交鳢后备亲本养殖，养殖量比较稳定。

（三）杂交鳢

乌鳢分布范围广、个体大、生长速度快，但由于没有经过驯化选育，其饲喂以冰鲜、小杂鱼为主，饵料利用率低，食物残留量大，水质极易恶化，不仅会影响乌鳢的正常生长，容易引发鱼病，也对自然水体环境造成了严重影响。斑鳢个体小于乌鳢，人工养殖开展较早，经长期驯化选育，易于驯食配合饲料，但斑鳢生长速度较慢且不耐低温，养殖区域受到限制。科研人员尝试将斑鳢和乌鳢杂交，获得杂交鳢。杂交鳢相比亲本具有明显的杂种优势，生长快、产量高、病害少、饵料利用率高，得到大规模推广养殖。

1. 斑乌杂交鳢（斑鳢♀×乌鳢♂）

20世纪90年代，中国水产科学研究院珠江水产研究所科研人员指导中山市三角镇养殖户对广东本地养殖斑鳢（俗称"港种"）进行改良，首次利用长江流域的乌鳢与广东本地养殖斑鳢进行杂交，以斑鳢为母本、乌鳢为父本的杂交组合——斑乌杂交鳢在试养中表现出显著的超亲优势，比父母本生长速度都快50%以上。斑鳢母本在广东本地养殖，培育成熟度好，制种技术操作简单，产卵率和受精率高。因此，斑乌杂交鳢在广东本地迅速推广开来，成为主要养殖品种，广东本地养殖户称之为"正交生鱼"，三角镇将其命名为"惠农1号"，而斑鳢仅作为亲本配套养殖。在斑乌杂交鳢杂交育种基础上，杭州市农业科学研究院以珠江水系斑鳢为母本、钱塘江水系乌鳢为父本培育了杂交鳢"杭鳢1号"（水产品种登记号：GS-02-003-2009）新品种。

2. 乌斑杂交鳢（乌鳢♀×斑鳢♂）

斑乌杂交鳢具有显著的生长优势，但抗寒能力不足，不能在4 ℃以下水温越冬，即使在南方地区冬天也易发生冻伤，引发病害，而长江流域以北地区不能自然越冬，因此斑乌杂交鳢养殖受限于华南地区，长江流域以北依然以乌鳢养殖为主。乌鳢养殖一直以投喂冰鲜、小杂鱼为主，水质易恶化，换水量大，对水环境和渔业资源的破坏比较严重，养殖区域限于河湖周边，在环保压力下，养殖区域和产量逐渐萎缩。为解决斑乌杂交鳢不能在北方养殖的问题，中国水产科学研究院珠江水产研究所科研人员对山东乌鳢群体、广东本地斑鳢养殖和野生群体分别进行了群体选育，解决了配对困难的问题，提高了制种效率，培育出了生长速度快、抗寒能力强、可摄食配合饲料的"乌斑杂交鳢"（水产品种登记号：GS-02-002-2014）新品种，广东本地养殖户称之为"反交生鱼"。乌斑杂交鳢与斑乌杂交鳢比较，其优势更明显，全程摄食配合饲料，生长速度较对照品种提高20%以上，在山东等地能自然越冬，解决了生长速度和耐低温的问题，已在全国推广，产业化前景良好。

3. 杂交鳢与父母本形态特征比较

杂交鳢体型和乌鳢、斑鳢相似，体前部呈圆筒形，背缘、腹缘

较平直；头、体部被中等大的圆鳞；侧线自鳃孔上角向后延至臀鳍起点上方中断或急骤下弯，折下1枚或2枚鳞片宽向后沿体中部伸达尾鳍基。杂交鳢和乌鳢、斑鳢斑纹的差异主要体现在3个部分：头部、体侧和尾鳍基。乌鳢头前部斑纹呈"八八八"字排列，斑鳢和杂交鳢呈"一八八"字排列；乌鳢体侧黑斑跨过侧线，斑纹交错明显，并且单块黑斑的面积较大，斑鳢和杂交鳢体侧黑斑不跨过侧线，呈上下2行排列，斑鳢单块黑斑比较细小，与乌鳢差别甚远，杂交鳢体侧单块黑斑的面积则小于乌鳢但大于斑鳢；斑鳢尾鳍基部有1条或2条跨过整个尾鳍基部的弧形斑纹，乌鳢无此弧形斑纹，杂交鳢则或有或无（图2-3）。

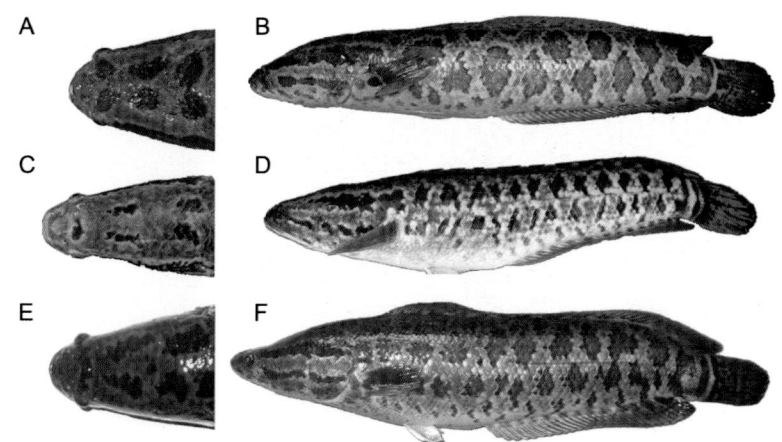

A—乌鳢头顶部斑纹；B—乌鳢侧面斑纹；C—斑鳢头顶部斑纹；D—斑鳢侧面斑纹；
E—杂交鳢头顶部斑纹；F—杂交鳢侧面斑纹。

图2-3　乌鳢、斑鳢和杂交鳢的外形

4. 乌鳢、斑鳢及其杂交鳢的分子标记鉴定

目前通过形态学、AFLP分子标记、微卫星标记等方法均可以比较容易地区分与鉴别乌鳢、斑鳢和杂交鳢，但是两种杂交鳢无论是在形态，还是DNA含量，或者核基因分子标记上均难以鉴别。

作为人工养殖品种，几乎所有的养殖企业都需要一个品种身份确认程序。为了解决如何鉴别两种杂交鳢这个问题，人们进行了各种尝试。

Zhang等（2015）根据线粒体DNA（mtDNA）缺少基因重组、严格遵守母系遗传等特点，设计特异性引物，以PCR方法快速鉴定杂交F1代，其中斑鳢mtDNA特异性引物BY1在乌鳢和乌斑杂交鳢中扩增出约200 bp的特异性条带，而斑鳢和斑乌杂交鳢中没有条带（图2-4A）；乌鳢mtDNA特异引物WY1在斑鳢和斑乌杂交鳢中扩增出约200 bp的特异性条带，而乌鳢和乌斑杂交鳢中没有条带（图2-4B）。本鉴定方法实验周期短，简捷方便，可大批量进行，1天即可得到结果。结合形态学及分子标记鉴定结果可以将斑鳢、乌鳢及其杂交鳢完全鉴定区分。

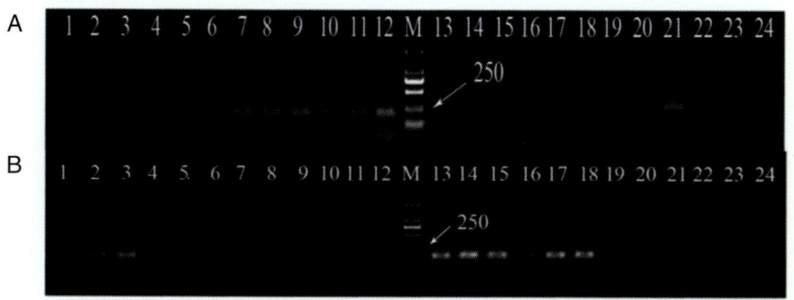

1~6—斑鳢；7~12—乌鳢；13~18—斑乌杂交鳢；19~24—乌斑杂交鳢。

图2-4　BY1（A）和WY1（B）引物对的PCR扩增产物电泳图

（四）月鳢

月鳢（*Channa asiatica*）俗称七星鱼、七星鳢、山斑鱼、山花鱼、点秤鱼、星光鱼、小蛇头鱼、珍珠赤雷龙鱼等，隶属于硬骨鱼

纲（Osteichthyes）攀鲈目（Anabantiformes）鳢科（Channidae）鳢属（*Channa*），自然分布于长江以南水系及越南红河水系，多生活于山涧小溪流中，也喜在堤岸或田埂边钻洞穴居。

1. 形态特征

体呈圆筒形，后部侧扁。头略扁平，顶部被较大的鳞片，不规则。眼上侧位，位于头的前部。吻宽短，圆钝。口宽大。下颌突出，上、下颌均有细齿。鼻孔2对，前后分离，前鼻孔呈管状，向前伸过上唇；后鼻孔小，近眼前缘上方。侧线在臀鳍起点上方中断，折断处前后两端相隔1～2个鳞片，后段贯穿于体侧中部。无腹鳍，胸鳍宽圆。背鳍、臀鳍基底长。尾鳍圆形。体绿褐色或灰黑色，腹部灰白色。体侧沿中线有7～12个向后两侧作"＜"斜向的斑纹。尾柄基部两侧各有一边缘为白色的深色近圆形斑块。背鳍与臀鳍上有白色斑点［《月鳢》（GB/T 25888—2010）］。月鳢外部形态如图2-5所示。

图2-5 月鳢的外形

2. 生活与繁殖习性

月鳢常栖息于水流缓慢的山涧溪流中，喜欢生活于河流、池塘、湖泊、沼泽等水质清澈及水生植物生长繁多的水域中，喜好于底部游动，也喜在堤岸或田埂边穴居。性凶猛，摄食小鱼、虾、水生昆虫及其他小型水生动物，一般夜间外出活动觅食，白天栖息在水草丛中。喜跳跃，在流水冲击的环境下会逆流上溯或跳离水面。月鳢对环境适应能力很强，当水中缺氧时能将头露出水面借助鳃上器官呼吸空气，不因水中缺氧而浮头死亡，离水也能活较长时间，有利于高密度集约化饲养和活鱼运输。月鳢最适生长水温为15～30 ℃，水温降到12 ℃开始不吃食，冬季寒冷多潜入洞穴或钻入泥层中避寒越冬。

在长江流域，雌、雄月鳢的初次性成熟年龄均为2冬龄；在珠江流域，雌、雄月鳢的初次性成熟年龄均为1冬龄；在人工饲养的环境下，一般只需要1冬龄，当体长达到18.0 cm以上时便具有繁殖能力。每年的4—7月为月鳢的繁殖季节，5—6月为繁殖盛期。

3. 养殖情况

月鳢由于其有较为丰富的食用和药用价值，因此成为目前养殖业里一个比较具有经济价值的鳢科鱼类品种。月鳢的体型在鳢科鱼类中比较小，而且它们的体表有花色条纹及白点分布，因此也具有不错的观赏价值，常被一些生鱼爱好者饲养在鱼缸中。我国月鳢的人工繁殖始于20世纪90年代，之后月鳢人工繁育技术不断突破，养殖技术也日益成熟。月鳢的主导养殖模式为池塘养殖，养殖期一般为1年，体重可达150～300 g。

（五）线鳢

线鳢（*Channa striata*）又称泰国鳢、泰国鱼虎、虎斑雷龙、泰国鮕鮴，隶属于硬骨鱼纲（Osteichthyes）攀鲈目（Anabantiformes）鳢科（Channidae）鳢属（*Channa*）。线鳢较同类小盾鳢（俗称鱼虎）稍小，人们也常常将这两种鱼搞混。线鳢分布于东南亚和南亚各国，如巴基斯坦、印度、尼泊尔南部、斯里兰卡、孟加拉国等，在中国华南和西南地区也有分布。

1. 形态特征

线鳢身体修长，头大而宽并稍有些钝，口部与瞳孔大，背鳍及

臀鳍基部长，腹鳍位于腹部，尾鳍稍椭圆形。线鳢整个躯体呈现一个类似细长的圆柱体结构，呈灰黑褐色，腹部灰白色，背侧有大型黑斑，鱼鳍的颜色均较浅。身体长度可达90.0 cm以上，体重可达3 kg。头部扁平，背鳍和臀鳍长而柔软，胸鳍约为头长的1/2。背鳍具37～46软条，肛鳍具23～29软条，胸鳍具15～17软条，尾鳍呈圆形。盆鳍紧靠在胸鳍下方。嘴部较大，无须，上下颌都有发达的尖锐牙齿。上颌后腹侧向外翻弯曲延伸带深色条纹，表面上被类似于蛇的圆形鳞片。线鳢外部形态如图2-6所示。

图2-6　线鳢的外形

2. 生活与繁殖习性

线鳢栖息于河流、湖泊、池塘与沟渠等地，常藏身于水草或水底袭击小鱼及其他水生动物。线鳢耐污力极强，可生活于受到农药污染的水体，甚至受严重污染的下水道、排水沟都有它的踪迹。

线鳢产卵期有2个时间段，每年通常繁殖2次，分别为5—9月和10—12月。线鳢在全年保持相同的配偶，是一夫一妻制的鱼。虽然没有关于野外繁殖行为的已发表报告，但在圈养研究中观察到了该物种的繁殖行为。线鳢一次可产卵1 000粒左右，人工培育环境下产卵可达4 000粒，卵无黏性，受精卵在适当条件下1～3天后可以孵化出膜。

（六）小盾鳢

小盾鳢（*Channa micropeltes*）别名巨鳢、红线鳢、红黑鱼、金笔、鱼虎。隶属于硬骨鱼纲（Osteichthyes）攀鲈目（Anabantiformes）鳢科（Channidae）鳢属（*Channa*）。小盾鳢原产地为中南半岛、马来半岛、苏门答腊岛和加里曼丹岛，广泛分布于东南亚大部分地区，其范围从老挝、泰国、柬埔寨和越南的湄公河流域向西南延伸至泰国中部和南部、马来西亚、新加坡，以及苏门答腊岛、加里曼丹岛和爪哇的大巽他群岛。小盾鳢肉质洁白细嫩，是高经济价值淡水食用鱼类，也可供观赏饲养。

1. 形态特征

小盾鳢体长形，前部粗圆，后部稍侧扁。小盾鳢体长为30.0～60.0 cm，最大可超过100.0 cm，体重可达20 kg，是生长最快的鳢科鱼类之一。体型为鱼雷形，头部有点凹陷，头下压，稍尖，头顶较平。头部鳞片较大，下颌突出，口大，倾斜，上颌后部已经超出眼眶。背、臀鳍基底都很长。体色可随环境而有所变化，通常呈绿褐色或橄榄绿色。幼鱼体侧有2条黑色纵条纹，中间夹1条橘黄色纵带。成鱼体侧有1条暗色纵带。腹部白色。有犬齿状的牙齿，其咽部有1小片鳞片，小盾鳢的鳞片比其他大型鳢小，其鳃盖前角和眼眶后缘之间有16～17排鳞片，22片背侧鳞片和95～110片纵列鳞片。鳍条只有软鳍条：背鳍条43～46条、臀鳍条27～30条、胸鳍条15条和腹鳍条6条，腹鳍约占胸鳍长度的50%，尾鳍圆形。小盾鳢外部形态如图2-7所示。

图2-7　小盾鳢的外形

2．生活与繁殖习性

　　小盾鳢是热带亚热带鱼类，自然分布于北纬20°～南纬7°的水域，栖息于地势较低的河川下游、池塘、水库、沼泽，通常在水流较缓的浅水区活动。1986年，中国由广东从泰国引进小盾鳢。小盾鳢白天摄食，以肉食为主，是凶残的捕食动物，捕食其他鱼类、青蛙和鸟类。

　　小盾鳢的产卵期在8—10月，10月达到高峰，雌性小盾鳢第一次性腺成熟时的体长约为27.8 cm，雄性约为32.2 cm。雌鱼每次平均产卵2 000粒，孵化前由亲鱼之一或双方守卫巢穴，亲鱼会一直守护幼鱼直到它们达到早期幼鱼阶段。幼鱼期适应能力不强，成鱼体质能耐低温及浊水。

二、鳢的优良品种（系）

（一）"惠农1号"新品系

　　惠农1号又称"正交生鱼"，"惠农1号"新品系以湖南或山东乌鳢为父本与2龄以上广东本地养殖雌性斑鳢进行人工杂交，获得子一代杂交品系"惠农1号"。"惠农1号"杂交生鱼与乌鳢和斑鳢相比，具有明显的杂交优势：①投苗早，比乌鳢出苗早1～2个月，养殖周期短。②生长快,比亲本斑鳢的生长速度快50%;相同养殖周期内上市规格增大50%,平均达到0.6 g/尾以上。③抗病力强,成活率高,养殖成活率提高30%。④"惠农1号"杂交生鱼可以投喂配合饲料,可大大减轻养殖水体及周边环境的水质污染。⑤能进行商品活鱼长途跨省运输,经济效益显著。

(二)"杭鳢1号"新品种

杭鳢1号(水产新品种登记号:GS-02-003-2009),是以浙江杭州钱塘江野生群体乌鳢为父本、以广东珠江水系斑鳢为母本,获得杂交F1代,并在杂交基础上通过深入选育研究,不断改良品种,获得的最优杂交F1代,在生长速度、抗病力、品质等生长性状方面都优于双亲。该品种经人工驯食可在成鱼阶段完全摄食配合饲料,生长速度较乌鳢快20%以上,较斑鳢快50%以上,1龄鱼可达上市规格,在江浙地区可自然越冬,适合在长江中下游各鳢养殖区域及人工可控制的水体中养殖。

(三)"乌斑杂交鳢"新品种

乌斑杂交鳢(水产新品种登记号:GS-02-002-2014)(图2-8),又称"反交生鱼",是以经2代群体选育的乌鳢为母本,以经4代群体选育的斑鳢为父本,通过差异化亲鱼培育促进亲本性腺发育同步化和一对一配对,杂交获得的F1代。该品种在相同养殖条件下,与母本乌鳢、父本斑鳢相比,9月龄平均体重分别提高37.6%和123.7%,可全程摄食人工饲料,抗寒能力明显提高,可在山东等地自然越冬养殖,适宜在我国黄河以南人工可控的淡水水体中养殖。

图2-8 乌斑杂交鳢的外形

（四）杂交鳢"雄鳢1号"新品种

杂交鳢"雄鳢1号"（水产新品种登记号：GS-02-003-2022）（图2-9），是以2007年从山东微山县南四湖渔业有限公司引进，并以体重为目标性状，经连续2代群体选育获得的乌鳢雌鱼（XX）为母本，以2005年从广东珠江水系收集，并以体重为目标性状，经连续4代群体选育的斑鳢雄鱼（XY）与通过性别控制技术诱导产生的生理雌鱼（XY）交配获得的超雄斑鳢（YY）为父本，经杂交获得的F1代。在相同养殖条件下，与"乌斑杂交鳢"相比，7月龄体重提升26.2%，雄性率为93.0%。适宜在我国水温12～30 ℃的人工可控的淡水水体中养殖。

图2-9 杂交鳢"雄鳢1号"的外形

（五）杂交鳢"雄鳢2号"新品系

杂交鳢"雄鳢2号"（图2-10）是以经过4代群体选育的斑鳢配套系和广东佛山的养殖群体为基础群体，以体重为目标性状，经连续4代群体选育的斑鳢雌鱼（XX）为母本；以来源于山东乌鳢省级良种场，经过2代群体选育的乌鳢配套系为基础群体，以体重为目标性状，经连续2代选育后，利用性别控制技术创制的乌鳢超雄鱼（YY）为父本，两者杂交的F1代，即杂交鳢"雄鳢2号"。杂交鳢"雄鳢2号"雄性率95%～100%；相同养殖条件下，养殖9个月以上，生长速度较普通斑乌杂交鳢提高35.82%～44.31%，较杂交鳢"雄鳢1号"提高11.01%～12.49%。适宜在我国水温12～30 ℃的人工可控的淡水水体中养殖。

图2-10　杂交鳢"雄鳢2号"的外形

（六）乌鳢"玉龙1号"新品种

乌鳢"玉龙1号"（水产新品种登记号：GS-01-005-2022）（图2-11）是以2008年从四川乌龙河收集的966尾野生白乌鳢为基础群体，以体重和体色为目标性状，采用群体选育技术，经连续5代选育而成。在相同养殖条件下，与野生白乌鳢相比，24月龄体重提升24.8%；体表白色无黑斑且鳍条金黄色的个体比例提高

13.7%，占比达96.7%。适宜在全国水温15～30 ℃的人工可控的淡水水体中养殖。

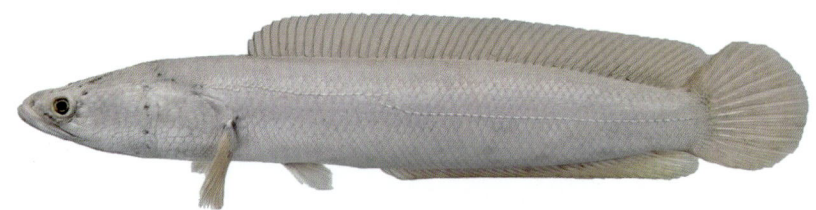

图2-11　乌鳢"玉龙1号"的外形

（七）乌鳢"雄鳢3号"新品系

乌鳢"雄鳢3号"新品系是以杂交鳢"雄鳢2号"的乌鳢超雄鱼（YY）为父本，与相同选育群体中雌鱼为母本繁殖获得的全雄乌鳢新品系。乌鳢"雄鳢3号"雄性率100%，与普通乌鳢相比，24月龄生长速度提高30%以上，可在北方乌鳢产区自然越冬，适宜在我国水温12～30 ℃的人工可控的淡水水体中养殖。

图2-12　乌鳢"雄鳢3号"的外形

第三章
鱧的人工繁殖

野生鳢性成熟后，在水温、水流、溶氧量、光照、水位变化等合适的自然生态条件作用下，雌雄鱼配对繁殖。但由于池塘内缺乏相应的鱼类繁殖生态条件，亲鱼难以自然产卵。因此，鳢科养殖鱼类的繁殖一般采用生理生态法人工繁殖，整个过程分亲鱼培育、催产和孵化3个环节。

一、鳢的亲鱼培育

鳢的亲鱼培育是将达到性成熟年龄的鱼，通过强化培育，使其性腺发育成熟，能够对其进行催情产卵的过程。目前人工繁育的主要养殖品种是乌鳢、斑鳢和月鳢，下面详细介绍这几种。

（一）乌鳢

1. 亲鱼培育池

亲鱼培育池是亲鱼的生活环境，培育池的优劣直接影响亲鱼的生长发育和成活率。亲鱼培育池所处位置应交通便捷，供电稳定，进水、排水和交通条件便利，水源水质清新、无污染，水质应符合《渔业水质标准》（GB 11607—1989）的规定。生产中常用的亲鱼培育池有2种，一是室外池塘，二是温室水泥池。温室水泥池培育亲鱼，生长速度慢、成本高，因此，一般以室外池塘为宜。室外池塘面积2 000～3 000 m²，以长方形、东西走向最佳，水深2.0～3.0 m，底部淤泥10.0～15.0 cm，每亩（亩为非法定计量单位，1亩＝1/15 hm²≈666.67 m²）配增氧机1台。由于乌鳢擅跳跃，池埂一般应高出水面30.0～50.0 cm，最好在池塘四周或一边种植水生植物，面积约为池塘的1/5，既可防止乌鳢外逃，又可遮阴降温，还可调节水质。

2. 亲鱼来源与质量要求

（1）来源

①捕自天然水域的乌鳢亲鱼，或苗种经人工培育而成。

②由省级及省级以上原（良）种场提供的亲鱼。

（2）质量要求

种质符合《乌鳢》（SC/T 1052—2002）的规定；选择亲鱼年龄在2龄以上，雌、雄鱼均为3～8冬龄为宜；体形、体色正常，体质健壮，无疾病、无畸形；雌鱼体长应大于35.0 cm，体重应大于1 000 g；雄鱼体长应大于40.0 cm，体重应大于1 200 g。

雌鱼体型较肥胖，胸部鳞片灰白色，腹部无黑斑、体色稍淡，背鳍上斑点较大，模糊、排列不规则，呈半透明淡黄色，腹鳍灰白色，尾鳍上有2条黑色斑纹，成熟时腹部膨大、松软，卵巢轮廓明显，生殖孔外翻凸出，粉红色，呈圆形；雄鱼体型较瘦长，背鳍与尾鳍较大，胸腹部有较多灰黑色花斑、体色较深，背鳍上白圆点较多、自下而上排列整齐，腹鳍蓝黑色，生殖孔狭小内凹，手横摸胸鳍内侧有粗糙感，胸鳍、鳃盖上有"追星"。

3. 亲鱼培育

亲鱼培育是乌鳢繁殖的关键环节，直接影响产卵率、受精率和孵化率的高低。亲鱼培育应在上一个年度的10月份或繁殖季节前2个月开始。亲鱼放养前先排干池水、晒底，用生石灰清塘，清塘方法按《淡水鱼苗种池塘常规培育技术规范》（SC/T 1008—2012）的规定执行。消毒7天后注水，水深1.5～2.0 m，水面距池埂顶端30.0～50.0 cm。一般放养前用2%～3%的食盐水浸泡消毒5～10 min，雌、雄亲鱼以2∶1搭配为宜，每亩放养800～1 200尾。

亲鱼培育使用的动物性饵料要求新鲜适口、安全无毒，经过驯化食用配合饲料的亲鱼，可投喂蛋白质含量不低于40%的浮性

配合饲料，饲料安全符合《饲料卫生标准》（GB 13078—2017）和《无公害食品 渔用配合饲料安全限量》（NY 5072—2002）的规定。投喂分上、下午2次进行，一般上午投喂量为日投喂量的30%～35%，下午投喂量为日投喂量的65%～70%。日投喂量在不同月份有所变化：3—4月为鱼体重的2%～3%，5—9月为6%～8%，10—11月为1%～3%。有条件的应经常投喂一些新鲜小杂鱼虾、蝌蚪、蚯蚓之类作亲鱼的饵料。4月初至催产前应增加活饵料的投喂量，促进亲鱼的性腺发育。投饵应坚持定位、定时、定质、定量原则，同时视摄食状况和天气情况适当调整；阴雨天气或水温低于18 ℃时应酌情减少投喂量；水温低于12 ℃时，停止投喂。在培育期间，每10～15天换水一次，每次10.0～20.0 cm；每15天用生石灰化浆后全池泼洒一次，用量为20～30 g/m³。

病害防治坚持预防为主、防治结合的原则，除了前述的池塘消毒、鱼体消毒和工具消毒外，在养殖过程中要定期对鱼体进行抽样检查，做到早发现、早处理，科学防控，最大限度减少病害暴发的风险与损失。按照《水产养殖用药明白纸》的规定选择用药，不得使用动物食品中禁止使用的药品及化合物，不得使用已规定停止使用的兽药，严格执行渔用药物使用准则。

（二）斑鳢

1. 亲鱼培育池

亲鱼培育池所处位置应交通便捷，供电稳定，养殖环境应符合《无公害农产品 淡水养殖产地环境条件》（NY/T 5361—2016）的规定；靠近水源，水源水质清新、无污染，水质应符合《渔业水质标准》（GB 11607—1989）的规定；进水、排水和交通条件便利。斑鳢亲鱼培育在室内水泥池或室外池塘均可，室内水泥池面积

50~300 m²，水深0.6~1.0 m；室外池塘面积600~2 000 m²，以长方形、东西走向最佳，水深1.0~1.2 m，底部淤泥小于10.0 cm，每亩配增氧机1台。由于斑鳢擅跳跃，室外池塘池埂一般应高出水面30.0~50.0 cm，最好在池塘四周或一边种植水浮莲、水葫芦、水花生等水生植物，面积约为池塘的1/5，既可防止斑鳢外逃，又可遮阴降温，还可调节水质。

2. 亲鱼来源与质量要求

（1）来源

①捕自自然水域的亲鱼、后备亲鱼或苗种经人工培育而成。

②由省级及以上的原（良）种场提供的亲鱼或从上述原（良）种场引进的苗种，经专门培育而成。

（2）质量要求

种质符合《斑鳢》（SC/T 1126—2016）的规定；雌、雄鱼均为1~3冬龄为宜；体形、体色正常，斑纹清晰，无病无伤、无畸形；雌鱼体长应大于25.0 cm，体重应大于400 g；雄鱼体长应大于33.0 cm，体重应大于700 g。

斑鳢亲鱼的雌雄鉴别可用以下方法：雌鱼腹部明显膨大，柔软有弹性，生殖孔红色、肿大、凸出。雄鱼腹部灰白色，生殖孔微凸、微红。

3. 亲鱼培育

亲鱼培育应在上一个年度的10月份或繁殖季节前2个月开始。亲鱼放养前先排干池水、晒底，用生石灰清塘，清塘方法按《淡水鱼苗种池塘常规培育技术规范》（SC/T 1008—2012）的规定执行。消毒7天后注水，水深1.5~2.0 m，水面距池埂顶端30.0~50.0 cm。一般放养前用2%~3%的食盐水浸泡消毒5~10 min，雌、雄亲鱼以2∶1搭配为宜，放养适宜密度为1 300~2 000尾/亩。

亲鱼培育使用动物性饵料（如小杂鱼、蚯蚓、冰鲜鱼等）和

配合饲料，饲料安全和质量符合《饲料卫生标准》（GB 13078—2017）、《无公害食品　渔用配合饲料安全限量》（NY 5072—2002）和《乌鳢配合饲料》（NY/T 2072—2011）的规定。配合饲料蛋白质含量在40%以上，投喂量为鱼体重的3%～4%；动物性饵料投喂量为鱼体重的6%～8%。投喂分上、下午2次进行，一般上午投喂量为日投喂量的30%～35%，下午投喂量为日投喂量的65%～70%。4月初至催产前应增加活饵料的投喂量，促进亲鱼的性腺发育。投饵应坚持定位、定时、定质、定量原则，同时视摄食状况和天气情况适当调整；阴雨天气或水温低于18 ℃时应酌情减少投喂量；水温低于12 ℃时，停止投喂。在培育期间，每10～15天换水一次，每次10.0～20.0 cm；每15天用生石灰化浆后全池泼洒一次，用量为20～30 g/m³。

病害防治应贯彻"预防为主，防治结合"的原则，要求做到无病先防，有病早治。除了前述的池塘消毒、鱼体消毒和工具消毒外，在养殖过程中要定期对鱼体进行抽样检查，做到早发现、早处理，科学防控，最大限度减少病害暴发的风险与损失。按照《水产养殖用药明白纸》的规定选择用药，不得使用动物食品中禁止使用的药品及化合物，不得使用已规定停止使用的兽药，严格执行渔用药物使用准则。

（三）月鳢

1. 亲鱼培育池

亲鱼培育池所处位置应交通便捷，供电稳定，养殖环境应符合《无公害农产品　淡水养殖产地环境条件》（NY/T 5361—2016）的规定；靠近水源，水源水质清新、无污染，水质应符合《渔业水质标准》（GB 11607—1989）的规定；进水、排水和交通条件便利。月鳜亲鱼培育在室内水泥池或室外池塘均可，室内水泥池面积10～300 m²，水深0.5～1.0 m；室外池塘面积300～1 200 m²，以长方形、东西走向最佳，水深0.5～1.0 m，底部淤泥小于5.0 cm。池内放竹筒、瓦筒作隐蔽物，池面盖遮阴布或石棉瓦。

2. 亲鱼来源与质量要求

（1）来源

①捕自自然水域的亲鱼、后备亲鱼或苗种，经专门培育而成。

②由具资质的原（良）种场提供的亲鱼或从上述原（良）种场引进的后备亲鱼或苗种，经专门培育而成。

（2）质量要求

种质符合《月鳜》（GB/T 25888—2010）的规定；雌、雄鱼适宜繁殖年龄为1龄以上，以2～4龄为宜；体形、体色正常，斑纹清晰，无病无伤、无畸形；雌、雄鱼体长应大于20.0 cm，体重应大于110 g。

月鳜雌鱼吻较尖；背鳍及臀鳍的亮绿色或白色斑点少，或斑点模糊；个体较小；生殖孔略外凸；成熟者腹部较大。到繁殖季节，性成熟的雌鱼腹两侧大而柔软。鱼头朝下，尾朝上，使鱼体倾斜，腹部靠头部一端明显胀大；鱼头朝上，尾朝下，使鱼体倾斜，腹部靠尾部一端明显胀大。生殖孔略外凸，微红。

雄鱼吻较方钝，背鳍及臀鳍亮绿色或白色斑点多而明显；个体较大；生殖孔不外凸。到繁殖季节，性成熟的雄鱼体肥壮。生殖孔微红，不外凸。挤压腹部，生殖孔会微微间歇收缩。

3. 亲鱼培育

亲鱼培育应在上一个年度的10月或繁殖季节前2个月开始。亲鱼放养前先排干池水、晒底，用生石灰清塘，清塘方法按《淡水鱼苗种池塘常规培育技术规范》（SC/T 1008—2012）的规定执行。消毒7天后注水，水深1.5～2.0 m，水面距池埂顶端30.0～50.0 cm。

一般放养前用2%~3%的食盐水浸泡消毒5~10 min，雌、雄亲鱼以1∶1搭配为宜，放养适宜密度为5 000~10 000尾/亩。

亲鱼培育以鲜活鱼虾、蚯蚓等动物性饵料为主，配合饲料粗蛋白含量应大于42%，饲料安全和质量符合《饲料卫生标准》（GB 13078—2017）、《无公害食品 渔用配合饲料安全限量》（NY 5072—2002）和《乌鳢配合饲料》（NY/T 2072—2011）的规定。动物性饵料日投喂量为鱼体重的4%~8%，配合饲料为2%~4%。投喂分上、下午2次进行，一般上午投喂量为日投喂量的30%~35%，下午投喂量为日投喂量的65%~70%。有条件的应经常投喂一些新鲜小杂鱼虾、蝌蚪、蚯蚓之类作亲鱼的饵料。4月初至催产前应增加活饵料的投喂量，促进亲鱼的性腺发育。投饵应坚持定位、定时、定质、定量原则，同时视摄食状况和天气情况适当调整。在培育期间，每10~15天换水一次，每次10.0~20.0 cm；每15天用生石灰化浆后全池泼洒一次，用量为10~15 g/m³。

病害防治坚持预防为主、防治结合的原则，除了前述的池塘消毒、鱼体消毒和工具消毒外，在养殖过程中要定期对鱼体进行抽样检查，做到早发现、早处理，科学防控，最大限度减少病害暴发的风险与损失。按照《水产养殖用药明白纸》的规定选择用药，不得使用动物食品中禁止使用的药品及化合物，不得使用已规定停止使用的兽药，严格执行渔用药物使用准则。

二、鳢的催产

催产是人工繁殖的重要手段，在繁殖季节，选择合适的催产药物和剂量，促使亲鱼在人为条件下同一时间段内产卵、受精，是规模化苗种生产的必要条件。

（一）乌鳢

乌鳢繁殖季节一般为4—7月，5—6月为繁殖旺季，根据亲鱼性腺发育情况和水温确定催产期，水温稳定在20 ℃以上可检查挑选亲鱼进行催产。人工催产的第一步是选择成熟度发育较好的亲鱼，按照前文中乌鳢的"亲鱼来源与质量要求"挑选，在生产实践中发现雄鱼可连续配对2～3次，因此按2∶1的比例选取雌、雄亲鱼分别置于水池暂养1天，池水采用微流水，以刺激亲本性腺的发育。

1. 催产池和产卵池

催产池一般采用具有控温设施的水泥池，面积不宜过大，方便加温，16～30 m²为宜，水深1.0～1.5 m。

产卵池是亲鱼产卵的场所，乌鳢常采用一对一的配对产卵方式，生产中主要采用的产卵池有4种（图3-1）。①泡沫箱产卵容器：具有保温功能的泡沫箱，盖子上设置1～2个直径2.0 cm左右的透气孔，以便箱内气体交换和生产者观察亲鱼产卵情况。②小型水泥产卵池：用混凝土砌成的方格，底部设置进水、排水和加温管道，用木板或塑料板覆盖。③塑料筐：外套可扎紧胶丝网，亲鱼装入后绑紧，排列整齐置于水泥池中。④塑料网格：面积0.25～1.0 m²为宜，满足1对乌鳢亲鱼配对。其中，泡沫箱最为方便经济，规格为长70.0～90.0 cm、宽60.0～70.0 cm、高60.0 cm、水深30.0～40.0 cm。亲鱼催产后，每个泡沫箱放入1对亲鱼，盖上箱盖，用绳子绑紧，以防亲鱼跳出。水温对于亲鱼配对产卵影响较大，因此产卵池应具有控温设施，保证低温时亲鱼产卵不受影响。

A—泡沫箱产卵容器；B—小型水泥产卵池；C—塑料筐；D—塑料网格。

图3-1　常用产卵池

2. 催产

（1）催产水温

当水温低于24 ℃，从室外池塘拉回的亲鱼需加温至24 ℃以上，亲鱼在催产池暂养1～2天，促进性腺发育成熟。水温高于24 ℃时，可直接催产。

（2）催产药物及剂量

催产乌鳢的药物种类繁多，常用的催产药物有鲤鱼脑垂体（PG）、地欧酮（DOM）、促黄体素释放激素（LRH-A）、促黄体素释放激素类似物（LRH-A$_2$）、人绒毛膜促性腺激素（HCG）。以1 kg雌鱼体重计算，常见药物的用法和用量有以下几种：①PG 5～8 mg。②HCG 1 600～2 400 IU。③PG 4～6 mg + HCG 1 000～1 500 IU。④LRH-A 40～90 μg + HCG 200～400 IU。

⑤LRH-A$_2$ 4～9 µg + HCG 200～400 IU。⑥LRH-A$_2$ 10～16 µg + HCG 800～1 000 IU。⑦DOM 3～5 mg + HCG 800～1 000 IU + LRH-A 15～20 µg。⑧DOM 3～5 mg + HCG 800～1 000 IU + LRH-A 1.5～2.0 µg。雄鱼的用量为雌鱼的1/2。催产剂用0.7%的生理盐水或林格氏液来配置，一般以每尾亲本注射量1～2 mL/kg为宜。催产药物的剂量在生产实践中需结合不同亲鱼的成熟状况酌量加减，切忌千篇一律，否则会影响产卵率和受精率。

（3）注射方法

注射部位为胸鳍基部或背部肌肉，大规模生产时常注射背部肌肉，省时省力。早春采用2针注射，雌鱼第一针注射总剂量的25%～30%，间隔12～15 h后注射第二针，注射总剂量的70%～75%；繁殖旺季采用1针注射。雄鱼采用1针注射，注射时间与雌鱼第二针时间相同，注射剂量为雌鱼总剂量的50%。生产实践中发现雄鱼可连续配对2～3次，每增加1次配对，剂量增加雄鱼初次剂量的50%。

（4）交配产卵

亲鱼注射催产剂后，按个体大小，雌雄1∶1配对放入产卵池中，不宜多放，以防"求偶争斗"，影响催产率。催产效应期与水温密切相关，水温在22～23 ℃时，效应时间为27～35 h；24～25 ℃时，效应时间为24～30 h；26～28 ℃时，效应时间为18～24 h。乌鳢产卵需在安静和弱光下进行，产卵期间应尽量避免在其旁边走动或喧哗。

（二）斑鳢

斑鳢的产卵期为3—8月，在华南地区，4月中旬至5月为产卵高峰，华中地区则以5—6月为产卵高峰期。当水温上升到23 ℃以上

时，要开始检查亲鱼的性腺发育状况，按照前文中斑鳢的"亲鱼来源与质量要求"挑选，在生产实践中雄鱼可连续配对2～4次，因此按2∶1的比例选取雌、雄亲鱼分别置于水池暂养1天，池水采用微流水，以刺激亲本性腺的发育。

1. 催产池和产卵池

催产池和产卵池设置参照"（一）乌鳢1.催产池和产卵池"。

2. 催产

（1）催产水温

催产水温为20～30 ℃，最适催产水温为23～28 ℃。

（2）催产药物及剂量

以1 kg雌鱼体重计算，在生产中可根据下列方法进行催产：①HCG 2 500～3 000 IU。②PG 3 mg + HCG 2 000 IU。③DOM 4～5 mg + LRH-A 6～8 μg。④LRH-A$_2$ 5～10 μg + HCG 800～1 000 IU。雄鱼的用量为雌鱼的1/2。催产剂用0.7%的生理盐水或林格氏液来配置，一般以每尾亲本注射量1～2 mL/kg为宜。生产者在注射药物时需结合不同亲鱼的成熟状况适当调整注射量，力求使亲鱼在同一时间产卵。

（3）注射方法

注射部位为胸鳍基部或背部肌肉，大规模生产时常注射背部肌肉，这样省时省力。早期采用2针注射，第一针注射量为总量的1/3，8～10 h后注射第二针；繁殖旺季采用1针注射。雄鱼的催产剂量为雌鱼的1/2，与雌鱼的第二针同时注射。生产实践中雄鱼可连续配对2～4次，每增加1次配对，剂量增加雄鱼初次剂量的50%。

（4）交配产卵

亲鱼注射催产剂后，按个体大小，雌雄1∶1配对放入产卵池中，不宜多放，以防"求偶争斗"，影响催产率。催产效应期与水温密切相关，水温在23～24 ℃时，效应时间为24～30 h；25～26 ℃时，效应时间为20～24 h；27～28 ℃时，效应时间为15～20 h。斑鳢产卵需在安静和弱光下进行，产卵期间应尽量避免在其旁边走动或喧哗。

（三）杂交鳢

杂交鳢的生产是亲鱼父本选用乌鳢、母本选用斑鳢，或亲鱼父本选用斑鳢、母本选用乌鳢。繁殖期为3月下旬至7月下旬，水温在20 ℃以上。按照前文中乌鳢和斑鳢的"亲鱼来源与质量要求"挑选成熟度发育较好的亲鱼，按2∶1的比例选取雌、雄亲鱼分别置于水池暂养1天，池水采用微流水，以刺激亲本性腺的发育。

1. 催产池和产卵池

催产池和产卵池设置参照"（一）乌鳢1.催产池和产卵池"。

2. 催产

（1）催产水温

催产水温为20～30 ℃，最适催产水温为26～28 ℃。

（2）催产药物及剂量

根据父、母本组合，结合乌鳢、斑鳢的催产药物及剂量适当调整。生产者在注射药物时需结合不同亲鱼的成熟状况适当调整注射量，力求使亲鱼在同一时间产卵。

（3）注射方法

注射部位为胸鳍基部或背部肌肉，大规模生产时常注射背部肌肉，这样省时省力。早期采用2针注射，第一针注射量为总量的1/3，8～10 h后注射第二针；繁殖旺季采用1针注射。雄鱼的催产剂量为雌鱼的1/2，与雌鱼的第二针同时注射。生产实践中发现雄鱼可连续配对2～4次，每增加1次配对，剂量增加雄鱼初次剂量的50%。

（4）交配产卵

亲鱼注射催产剂后，按个体大小，雌雄1∶1配对放入产卵池中，

不宜多放，以防"求偶争斗"，影响催产率。水温在25～30 ℃，亲本的效应时间一般为15～20 h。亲本产卵期间要求环境安静和避光。

（四）月鳢

月鳢的产卵期为4—8月，4—6月为产卵高峰期。按照前文中月鳢的"亲鱼来源与质量要求"挑选成熟度发育较好的亲鱼，按1∶1的比例选取雌、雄亲鱼分别置于水池暂养1天，池水采用微流水，以刺激亲本性腺的发育。

1. 催产池和产卵池

催产池和产卵池设置参照"（一）乌鳢 1.催产池和产卵池"。

2. 催产

（1）催产水温

催产水温为18～28 ℃，最适催产水温为24～26 ℃。

（2）催产药物及剂量

月鳢对PG、HCG和LRH-A这几种催产剂都比较敏感，不论是单独使用还是混合使用，只要亲鱼成熟度好，其催产效果都没有显著差异。以1 kg雌鱼体重计算，在生产中可根据下列方法进行催产：①PG 3～5 mg。②HCG 1 000～1 500 IU。③PG 1.5～2.5 mg＋HCG 500～750 IU。④LRH-A 20～30 μg。雄鱼的用量为雌鱼的1/2。催产剂用0.7%的生理盐水或林格氏液来配置。生产者在注射药物时需结合不同亲鱼的成熟状况适当调整注射量，力求使亲鱼在同一时间产卵。

（3）注射方法

注射部位为胸鳍基部或背部肌肉。可采用1次注射，也可2次注射，若分2次注射，每次注射全剂量的1/2，两次注射的时间间隔12～14 h。

（4）交配产卵

亲鱼注射催产剂后，按个体大小，雌雄1∶1配对放入产卵池中。水温在18～28 ℃，亲本的效应时间一般为24～30 h。亲本产卵期间要求环境安静和避光。月鳢有复产的特点，产后注意加强亲鱼的培育，7天后可复产，一年可复产5～6次。

三、受精卵的孵化

养殖鳢科鱼类的卵属浮性卵，产出后吸水膨胀，需在微流水或静水条件下孵化。影响孵化率的主要因素有水温、溶氧量、水质和敌害生物等。

（一）乌鳢

乌鳢卵圆形、亮金黄色，具油球，浮性、无黏性，受精卵漂浮于水面。

1. 孵化方式

乌鳢受精卵人工孵化的方式多样，常用的孵化方式有以下几种（图3-2）。

（1）泡沫箱产卵容器孵化

亲鱼产卵后，只将亲鱼从产卵池中捞出，受精卵继续留在产卵池孵化。孵化池保持微流水状态，不断更换新水。这种方法省时、省力、成本低，受精卵不受损伤，孵化率高，适合各家各户生产。

（2）水泥池静水孵化

亲鱼产卵后6～8 h开始收集受精卵，用小抄网捞起浮在水面的受精卵放入水盆，随后移入水泥池中，操作要求轻柔、快捷。水泥池面积一般为4～10 m^2，放卵密度为2×10^4～3×10^4 粒/m^2，每天换

水30%～50%，以防水质恶化，边排边进。这种方法简便易行，既适合各家各户少量孵化，也适合大型孵化场大批孵化。

（3）孵化桶（孵化环道）微流水孵化

将受精卵转移至孵化桶或孵化环道内，孵化桶一般容积为0.5～1.0 m³，放卵密度为$5×10^5$～$6×10^5$ 粒/m³，每小时换水0.5～1.0 m³，保持水位稳定，调节充气量，保证受精卵在水中均匀分布、不聚集，注意经常洗刷纱网防止漫水。这种孵化方式具有受精卵集中、便于管理等优点，适合大型孵化场。

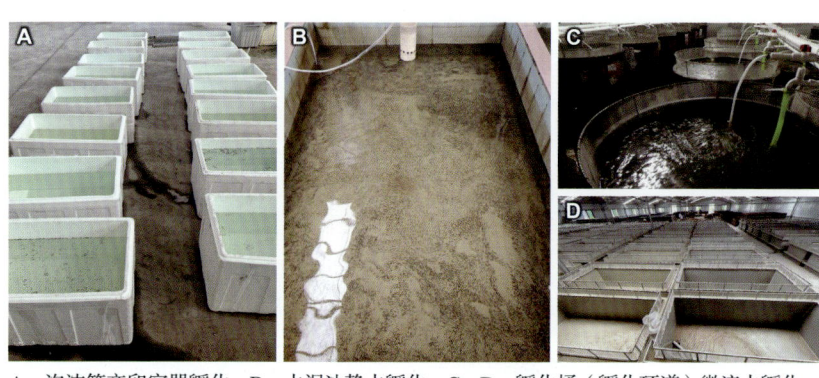

A—泡沫箱产卵容器孵化；B—水泥池静水孵化；C、D—孵化桶（孵化环道）微流水孵化。

图3-2　常用孵化方式

2. 孵化管理

①乌鳢受精卵的孵化水温为20～30 ℃，最适温度为25～28 ℃。在孵化期间，要尽量保持水温的稳定，温差不能超过3 ℃。水质要求pH 6.5～8.0，溶解氧≥4.0 mg/L。

②严格防止其他鱼类、蛙类进入孵化设施中吞食受精卵；孵化过程中如发现有死卵出现，应及时剔除；若死卵中的油球破散，水面和水体中会漂浮油膜和卵膜，应及时吸除。

③受精卵经过3～4天孵化出膜，仔鱼开始漂浮于水面，尔后随着卵黄的缩小和油球的消失，逐级沉底集群，少数不能沉底的仔鱼

为次鱼，用小抄网捞起丢掉。此时只要保持水质良好即可，不需要特别管理。

④仔鱼出膜后4～5天可以开口摄食，进入鱼苗培育阶段。

（二）斑鳢

斑鳢卵圆形、淡黄色，具油球，浮性、无黏性，受精卵漂浮于水面。

1. 孵化方式

斑鳢的孵化方式参照"（一）乌鳢1.孵化方式"。

2. 孵化管理

①斑鳢受精卵的孵化水温为23～30 ℃，最适温度为25～29 ℃。在孵化期间，要尽量保持水温的稳定，温差不能超过3 ℃。水质要求pH 6.5～8.0，溶解氧≥4.0 mg/L。

②严格防止其他鱼类、蛙类进入孵化设施中吞食受精卵；孵化过程中如发现有死卵出现，应及时剔除；若死卵中的油球破散，水面和水体中会漂浮油膜和卵膜，应及时吸除。

③受精卵经过2～3天孵化出膜，仔鱼开始漂浮于水面，尔后随着卵黄的缩小和油球的消失，逐级沉底集群，少数不能沉底的仔鱼为次鱼，用小抄网捞起丢掉。此时只要保持水质良好即可，不需要特别管理。

④仔鱼出膜后3～4天可以开口摄食，进入鱼苗培育阶段。

（三）杂交鳢

1. 孵化方式

杂交鳢的孵化方式参照"（一）乌鳢1.孵化方式"。

2. 孵化管理

①杂交鳢孵化水温为22～28 ℃，最适温度为25～28 ℃。在孵化期间，要尽量保持水温的稳定，温差不能超过3 ℃。水质要求pH 6.5～8.0，溶解氧≥4.0 mg/L。

②严格防止其他鱼类、蛙类进入孵化设施中吞食受精卵；孵化过程中如发现有死卵出现，应及时剔除；若死卵中的油球破散，水面和水体中会漂浮油膜和卵膜，应及时吸除。

③受精卵经过2～3天孵化出膜，仔鱼开始漂浮于水面，尔后随着卵黄的缩小和油球的消失，逐级沉底集群，少数不能沉底的仔鱼为次鱼，用小抄网捞起丢掉。此时只要保持水质良好就可，不需要特别管理。

④仔鱼出膜后3～4天卵黄囊消失，并能灵活平游时，便可及时移出集中培育。

（四）月鳢

月鳢卵黄色、透明，卵膜很薄。受精卵可以在原产卵池孵化或捞出在水泥池静水孵化。受精卵孵化的适宜水温为18～26 ℃，27 ℃以上时，畸形苗增多。当水温降至14 ℃时，仍可孵化，但孵化时间长，孵化率低。在20～22 ℃时，孵化历时48～52 h；在25～26 ℃时，为36 h左右。在孵化过程中，要保持水质的清新和孵化环境的相对稳定，及时剔除死卵。刚孵出的鱼苗集中仰卧于水面，以卵黄囊为营养，不久游动频繁，并可翻身呈常态，孵出3～5天便可摄食，此时便可进入鱼苗培育阶段。

第四章

鳢的苗种培育

鳜苗种培育是指将黑芝麻（孵化出膜3～5天的已开口摄食的仔鱼）培育成鱼种的过程，主要分为鱼苗培育和鱼种培育两个阶段。

一、鱼 苗 培 育

鱼苗培育是指将出膜后3～5天已开口摄食的仔鱼培育到3.0 cm鱼苗的过程。

（一）环境条件

养殖场环境条件应符合《无公害农产品 淡水养殖产地环境条件》（NY/T 5361—2016）的规定，环境安静，交通便利，无工业"三废"、生活及农业污染源。水源应符合《渔业水质标准》（GB 11607—1989）的规定。水源充足，水质清新，排灌方便，进排水分开，并配有增氧设备。鱼苗可根据实际情况采用室外池塘或室内水泥池进行培育。室外池塘，土质以壤土为好，黏土次之。池塘东西朝向，长方形为宜。水面面积宜在1 300～2 000 m²，池塘深度1.5～2.0 m，水深1.0～1.5 m，淤泥厚度≤10.0 cm，池底平坦，每亩配增氧机1台。室内水泥池，形状长方形或圆形，面积20.0～30.0 m²，水深0.6～0.8 m。

（二）室外池塘培育

1. 培育前准备

（1）池塘修整

排干池水，晒塘底10～15天，清除杂物与过多淤泥；修整塘基；加固进水、排水闸口，防止渗漏及逃鱼现象。可用规格为60目的网在离水面1.0 m的岸边斜坡上四周围网，网净高1.0 m左右，先围网后清塘，防止蛇、青蛙等敌害生物进入池塘围网内（图4-1）。

图4-1 室外池塘修整

（2）清塘

鱼苗放养前，需要进行清塘，常见的清塘方法有干法清塘和带水清塘。

①干法清塘。按照《淡水鱼苗种池塘常规培育技术规范》（SC/T 1008—2012）的规定进行，每亩水面生石灰用量60～70 kg，用水溶化后趁热全塘泼洒（图4-2）。

图4-2 生石灰清塘

②带水清塘。漂白粉用量为每亩13.5～15 kg，化水溶解后全塘泼洒。茶麸用量为每亩40～50 kg，加水浸泡1天后，连渣带水全塘泼洒。

（3）注水

清塘2～3天后加注水至水深0.8～1.0 m。加注水时进水口用规格为80目的筛绢网过滤，防止野杂鱼、青蛙等敌害生物进入池塘。

2. 浮游生物培育

清塘后的第三天开始培水，每亩在塘角用150～225 kg大草堆肥，也可使用有机无机复合肥或生物肥料（按使用说明施用）培水，目的在于培育浮游生物。经过6～7天，池塘中开始出现大量浮游生物，这个时间就是幼苗下塘的最好时机。

3. 放苗

鱼苗下塘前1天，将50～100尾活鱼苗放入设置于鱼塘的网箱内试水12～24 h，观察鱼苗的成活率。试水鱼苗的成活率不低于98%时可投放鱼苗。试水后若发现野杂鱼或敌害生物，应重新清塘。

需根据天气、水温确定鱼苗放养时间，天气晴朗，近期无恶劣天气变化，水温在23 ℃以上时可放苗。鱼苗放养密度为每亩放养10万～15万尾。

4. 饲养方法

（1）追肥

鱼苗下塘3天后，要根据水质条件追施生物肥料，培育浮游生物，以保证鱼苗食物源充足。

（2）投饵

鱼苗下塘3天开始向池塘中补充活体浮游动物，每万尾鱼苗每天补充活体浮游动物1.0～1.5 kg。下塘后第八天，可向水体中补充红虫。红虫提前用微流清水暂养2天，用有效碘含量10%的聚维酮碘药液浸泡消毒3～5 min杀灭病原菌后再投入水体。红虫的日投喂量为每万尾鱼苗2.0～3.0 kg。

（3）日常管理

需要专人进行日常管理，早晚巡塘观察水色和鱼苗的摄食、活动情况，检查围网是否完整（图4-3）。鱼苗培育期间如遇暴雨天气，在暴雨后可用小苏打化水全池泼洒调节，每亩使用2.5～5.0 kg，使水体的pH保持在7.2～7.5。

图4-3　室外池塘培育

鱼苗下塘后经过12～15天的培育，可育成规格为7～8朝，即体长2.5～3.0 cm的鱼种，选择晴天清晨进行全池拉网，按规格分池，进入鱼种培育阶段。

（三）室内水泥池培育

1. 培育前准备

在室内水泥池培育鱼苗时，需要提前将水泥池池底、池壁污物

冲洗干净，晒池2天。再用5 g/m³高锰酸钾或20 g/m³漂白粉浸泡消毒，毒性消失后再注入新水，24 h连续充气增氧（图4-4）。

图4-4　室内水泥池培育

2. 放苗

鱼苗放养前2天，将50～100尾活鱼苗放入设置于鱼塘的网箱内试水12～24 h，观察鱼苗的成活率。试水鱼苗的成活率不低于98%时可投放鱼苗。

鱼苗卵黄囊消失，能水平游动和摄食时（图4-5），即可以转移至培育池。水泥池可高密度培苗，放苗1万～1.5万尾/m²。

图4-5　孵化后3～4天鱼苗

3. 饲养方法

轮虫、枝角类、桡足类等浮游动物或丰年虫均可作为饵料进行投喂。轮虫、枝角类、桡足类等浮游动物用100～120目浮游生物网从专用饵料生物培育池或其他池塘中捞取，经30～40目的筛绢网过滤，把滤液均匀泼洒于培育池中，2～3天后直接投喂。最初每天投喂4～6次，3～4天后，随着鱼苗的生长和活动能力的增强，投喂量逐渐增加，次数减少至1天投喂3～4次。逐步添加冻虫进行投喂，减少活饵量，日投喂量为每万尾鱼苗2.0～3.0 kg。

需要专人进行日常管理，早晚检测水质和观察鱼苗的摄食、活动情况。水体的pH保持在7.2～7.5。在鱼苗生长至2.0 cm后根据生长及差异情况每隔7～14天过筛一次。随着过筛和分池的进行，原池的培育密度不断降低。

鱼苗经过15～20天的投喂，体长可达2.0～3.0 cm，体色转黄（图4-6），进入鱼种培育阶段。

图4-6 鱼苗体色转黄

二、鱼 种 培 育

　　鱼种培育是指从2.0～3.0 cm的鱼苗培育到体长8.0～10.0 cm、完全摄食配合饲料的鱼种的过程。鱼种培育一般采用室外池塘培育，也可采用室内水泥池培育和网箱培育。室外池塘培育操作方便、生产规模大，下面着重介绍室外池塘培育的方法。池塘条件与鱼苗培育基本相同，水深最好2 m或2 m以上。

（一）放养前准备

1．清塘、注水
　　池塘清整按《淡水鱼苗种池塘常规培育技术规范》（SC/T 1008—2012）规定执行；进水口用40目网纱过滤，水深1.2～1.3 m。

2．种植水草
　　在池塘四周或一边种植水浮莲、水葫芦、水花生等水生植物，面积约为池塘的1/5。

（二）鱼种放养

1．鱼种来源
　　应符合《水产养殖质量安全管理规范》（SC/T 0004—2006）中的规定。

2．鱼种质量
　　体质健壮，体色鲜艳，鳞片完整，游动敏捷，无病无伤无畸形。

3．放养密度
　　鱼种放养密度以2万～3万尾/亩为宜，同池鱼种规格要整齐。

4. 放养方法

放苗时水温差不大于3 ℃；鱼种下池前，用2%～3%的食盐水浸泡消毒5～10 min。

（三）饲养方法

1. 饲料种类

新鲜野杂鱼、蚯蚓等动物性饵料和配合饲料。

2. 饲料质量

动物性饵料要求新鲜、适口，无腐败变质，无污染，投喂前应用水冲洗干净。配合饲料主要营养成分蛋白质的含量不低于40%。饲料安全卫生要求应符合《饲料卫生标准》（GB 13078—2017）、《无公害食品 渔用配合饲料安全限量》（NY 5072—2002）和《乌鳢配合饲料》（NY/T 2072—2011）的规定。

3. 驯食与投喂

鱼种下塘后第一天停食，第二天开始驯食。为了方便驯化，可用木头和木板搭建驯食台，从塘基向水中延伸2.0 m，高于水面20.0～50.0 cm即可。驯食开始时的饵料由浮游动物与鱼浆（野杂鱼、虾或冰鲜搅碎）混合而成，人蹲在驯食台上向水中投放饵料，吸引鱼种前来摄食。每餐的投喂量为鱼种体重的5%～8%。刚开始鱼苗不太习惯吃死食物，驯食者要有耐心，延长投喂时间，尽可能让多一些鱼种吃到食物。随后逐渐减少饵料中浮游动物的比例，增加鱼浆的分量，慢慢过渡到全部为鱼浆。大概7天后，鱼苗习惯于摄食鱼浆后，在鱼浆中添加少量鳢幼鱼粉料，拌混成团状投喂，以后逐步增加配合饲料量，减少鱼浆量，15～20天后可完全摄食配合饲料，这时可以根据鱼苗的口裂大小转投粒径合适的颗粒饲料。整个驯食过程参考表4-1，坚持"定位、定时、定质、定量"原则，

不得投喂任何鲜活食物，以免影响驯食效果。此外应在饵料中定期加入少量益生菌制剂，以防止由于食物转换可能产生的肠胃炎病害。

表4-1　鱼种驯食情况

规格/朝	体长/cm	鱼浆比例/%	配合饲料比例/%	投喂天数/天
7～8	2.5～3.0	90	粉料10	3～4
8～9	3.0～5.0	70	0#料30	3～4
9～10	5.0～7.0	50	1#料50	3～4
10～11	7.0～9.0	30	2#料70	3～4
11～12	9.0～10.0	10	2#料90	3～4

驯食结束后，配合饲料的日投喂量为鱼种体重的3%～5%，具体投喂量根据天气状况、水质条件及鱼的摄食情况适量增减，以80%的鱼吃饱散开为准，时间为20～30 min。

4. 分筛

鱼苗下塘4天后视鱼种整体大小选用8朝半或9朝鱼筛分筛。筛出其中少数生长速度较快，规格明显较大的个体，用小网池另养，待个体差别不大时，再放入塘中一起饲养，以减少个体之间因大小悬殊而互相残杀。每隔4天左右分一次筛，到12朝即体长9.0～10.0 cm后再分筛一次，此后已培育成大规格鱼种，不用再分筛。

5. 水质调节

每隔5～7天检测一次鱼塘水质，保持水体pH为7.2～7.5，水体透明度保持在25.0～30.0 cm，溶氧量4.0 mg/L以上。鱼塘水体pH偏低时可用小苏打化水全池泼洒调节，每亩使用2.5～5.0 kg。可通过开启小型增氧装置，提高水体溶氧量。

6. 日常管理

①每天巡塘，观察水质变化及鱼的活动情况，发现浮头或病鱼时及时处理。

②病害预防为主，防治结合；保持良好的水质环境，每隔15天用20～30 g/m³生石灰消毒；加强饲养管理，做好池塘消毒、鱼体消毒和工具消毒，拉网、转塘时小心操作，避免鱼体受伤；遇天气变化如剧烈降温时，减少饲料投喂30%以上。渔药使用按《水产养殖用药明白纸》的规定执行。病害部分见"第七章　鳜的主要病害及其防治"。

③苗种培育、病害防治全过程应建立生产记录、用药记录等档案，按照《水产养殖质量安全管理规范》（SC/T 0004—2006）的规定执行。

第五章
鳢的成鱼养殖

一、鳢的养殖模式

鳢科鱼类环境适应能力强，可呼吸空气，对池塘水中溶氧量要求较低，适合高密度养殖。我国鳢养殖模式多种多样，按养殖品种多少可分为单养和套养，单养是在同一水体中主养鳢一种鱼，搭配少量鲢、鳙、鲫、鲮等调节水质；套养是与其他鱼类按不同比例搭配养殖，密度相对较低。按照养殖技术的不同，鳢的主要养殖模式有：池塘高密度养殖模式、工业化循环水养殖模式、陆基高位圆池循环水养殖模式、集装箱养殖模式、"流水槽+稻渔共作"养殖模式等。

（一）池塘高密度养殖模式

池塘高密度养殖（图5-1）是目前采用较多的主要养殖模式，产量高，珠三角鳢主产区主要采用此模式。

图5-1　池塘高密度养殖

（二）工厂化循环水养殖模式

工厂化循环水养殖模式（图5-2）主要是指在室内建设养殖设施，通过对养殖水进行物理过滤、生物净化、杀菌消毒、脱气增氧等一系列处理后，使全部或部分养殖水得以循环利用的养殖模式。可以进行分级养殖，随着鱼苗成长为鱼种、亚成体，逐步降低放养密度，最终收获商品鱼。在该养殖过程中，人们通过全程自动化控温、机械增氧、生化调节水质和流水养殖，实行循环水、零排放，规避了诸多养殖生产技术风险，大幅度提高了养殖的成功率。工厂化循环水养殖模式占地面积少，养殖密度高，节水、节能、高效，能够对养殖生产各个环节进行调控，可实现无药物生产，能极大地减少养殖对环境的污染，可以实现水产养殖从农业生产转为工业生产，是我国渔业现代化的必由之路。

图5-2　工厂化循环水养殖

同时，工厂化循环水养殖模式也具有建场投资大、运行费用较高、养殖技术与生产管理要求严格等特点。虽然不少地方也有进行乌鳢成鱼养殖，如山东微山县南四湖渔业有限公司、山东堃茂农业开发

股份有限公司等，发挥中国乌鳢之乡品牌和优质野生资源优势，取得了良好成绩，但目前该模式应用于鳢养殖生产中大多集中在苗种生产环节。池塘鳢养殖产量已经攀升到其他特种养殖鱼类难以达到的高度，养殖成本大大降低，工厂化循环水养殖成本高的劣势愈发显著。

（三）陆基高位圆池循环水养殖模式

陆基高位圆池循环水养殖（图5-3）是一种创新的水产养殖方式，它通过构建陆基高位圆池和相应的循环水系统，实现了养殖水体的高效利用和环境保护。陆基高位圆池循环水养殖设施包括直径为5 m的养殖圆池，圆池底部为漏斗形，连接污水排出管道。此外，还需要配备进排水系统、增氧设备及配套的电力、仓储设施。为了确保养殖水体的质量，需配备尾水净化池塘。通常，尾水净化池塘分两级净化水质，为第一级沉淀池和第二级净化池。在这些池塘中，可以种植水生蔬菜、浮水植物和挺水植物，同时放养滤食性鱼类和其他有益生物，以帮助净化水质。陆基高位圆池循环水养殖技术具有占地少、不受地形地势影响、不破坏土地性质、集约化智能化程度高、养殖系统自净能力较强等优点。它可以实现水产养殖尾水的低碳高效零污染和资源化利用，有助于推动渔业绿色高质量发展。

图5-3　陆基高位圆池循环水养殖车间

目前，陆基高位圆池循环水养殖技术已在广东、广西、山东、四川等地开展示范应用，并取得了很好的经济效益、社会效益和生态效益。这种养殖技术可以帮助提高养殖用水的循环利用水平，实现零排放目标，并且能够保护环境和满足城乡居民对水产品"质"的需求。

（四）集装箱养殖模式

集装箱养殖是利用陆基集装箱与池塘相结合的养殖方式。以集装箱为养殖载体，池塘为水质净化区，实现养殖尾水生态循环利用。可以进行分级养殖，即一组集装箱循环水养鱼模式培苗，配套数组该模式养殖亚成体和成品，实现工厂化流水线养殖生产。全程监控水质、水温、溶解氧、pH和氨氮、亚硝酸盐等有害物质及其他理化生物指标，可以将疫病发生的概率、水产品质量安全问题可能造成的风险规避到最小。

广东省人民政府办公厅将大力发展"集装箱+生态池塘"集约养殖与尾水高效处理等技术，作为提升水产养殖业装备水平的重要举措之一，写入《珠三角百万亩养殖池塘升级改造绿色发展三年行动方案》。广东南沙现代渔业产业园、广州观星农业科技有限公司（图5-4）研发出了罐箱式陆基推水设施。该系统运行模式为"分区养殖，异位处理"：一是保持池塘与集装箱不间断地进行水体交换，常规3 000 m^{2}池塘配10个集装箱（即300 m^{2}池塘配置1个集装箱），每个集装箱平均每天可实现2次完全换水。箱体配有增氧设备、臭氧杀菌装置等，能够调控养殖水体，降低病害发生率。二是箱体内采用流水养鱼，鱼体逆水运动生长，符合鱼类生物学特性和生活习性，再加上定位、定时、定质、定量投喂全价配合饲料，减少饲料浪费，饲料系数0.9～1.2，成鱼品质较传统池塘明显提高。三

是可将养殖废水进行多级沉淀，集中收集残饵和粪便并做无害化处理，去除悬浮颗粒的尾水排入池塘，利用大面积池塘作为缓冲和水处理系统，可减少池塘积淤，促进生态修复，降低养殖自身污染。

图5-4　集装箱养殖示范区

此技术模式还体现了节地节水、生态环保、质量安全、智能标准、集约高效等优点。资源节约是集装箱养殖的最大优势，主要表现在"四节"。节地，较传统养殖可节约土地资源75%～98%；节水，较传统养殖可节水95%～98%；节力，较传统池塘养殖节省劳动力50%以上；节料，减少饲料浪费，提高饲料利用率。"集装箱+生态池塘"尾水生态治理技术在乌鳢、罗非鱼、加州鲈、草鱼等10多个品种上试养成功，如在广东顺德示范基地，7亩池塘配套28个养殖箱体。经测产评估，在相同产量下，较传统池塘养殖节水95%以上，节地75%以上，节省人工50%以上，减少养殖用药90%以上。

（五）"流水槽+稻渔共作"养殖模式

中山市三角镇等地除了发展标准化池塘以外，还推广了"流水槽+稻渔共作"养殖模式（图5-5），将底排污尾水处理及"跑道鱼"等转型分区式养殖尾水处理模式与稻渔共作相结合，大大减少了病害的发生和药物的使用。环田沟中集中或分散建设标准养鱼流水槽，流水槽集约化养殖生鱼（杂交鳢）、加州鲈等鱼类，养鱼流水槽中的肥水直接进入稻田促进水稻生长；水稻吸收氮、磷等营养元素净化水体，净化后的水体再次进入流水槽进行循环利用，形成了一个闭合的"稻-鱼"互利共生良性生态循环系统，实现"一水两用、生态循环"。在净化区池塘的岸边栽植水稻，种植面积占净化区池塘面积的20%～30%。也可以在水面上设置生态浮床，种植空心菜、折耳根等根系发达的植物，种植面积占净化区池塘面积的20%～30%。向净化区池塘内放养滤食性鱼类，如放养规格100 g/尾的鲢100～150尾，规格500～750 g/尾的鳙20～30尾。

管理好池塘水质有3条途径：一是要放养好调水鱼。鲢、鳙

（花白鲢）等主要摄食浮游生物和悬浮颗粒，能够净化水质；而鲫、鲂等主要摄食底层的有机碎屑和残饵等，也可以进一步净化水体。可以按照80∶20的生产模式放养20%左右的鲢、鳙等配养水产品，此外，在6月中下旬投放规格1 000～1 500尾/kg的青虾10 kg也可获得较为不错的经济收益。二是调好水。用每亩50～150 kg生石灰泼撒，每月一次，调节水体pH，杀菌消毒。三是加水。由于高温季水分蒸发及不断抽取污水等原因，池水水位下降，影响水体的净化功能、机械设备运行效果等，因此要及时加新水5%～10%，保持稳定的池塘水位线。同时需要实时监控水温、pH，以及溶解氧、氨氮、亚硝态氮的含量。使用EM菌、光合细菌、芽孢杆菌等微生物制剂，增加净化区池塘增氧机开机时间，保持透明度35.0～50.0 cm。

　　一般来说，该种养殖模式下，试验池塘养殖药品使用1 500元，每吨鱼用药费用为46元，试验传统池塘养殖塘口每吨鱼用药费用500元，节约药品费用454元，节省成本近10倍。该模式下化肥减少65%，农药减少78%，人工减少50%，用水减少25%，氨氮降低72%，亚硝酸盐降低70%，总磷降低79%，总氮降低70%。

图5-5　稻田养殖池设备（左）和净化池（右）

二、成鱼健康养殖

成鱼养殖是指将大规格的鱼种饲养至商品鱼的过程。这一过程涉及多个方面，包括养殖环境的准备、鱼种的选择与放养、饲料的投喂等。

（一）池塘条件

池塘应靠近水源，水源良好、无污染、交通便利，东西朝向，长方形为宜。水面面积宜在2 000～3 000 m²，池塘深度2.0～3.0 m，水深1.5～2.0 m，淤泥厚度≤20.0 cm，池底平坦。

（二）放养前准备

鱼种放养前也需要进行池塘修整、清塘、围网、注水、培水、试水。操作同"第四章 鳢的苗种培育"。

（三）鱼种选择与放养

1. 苗种选择

选择可溯源、经检验检疫无疫病的优质苗种。

2. 放养条件

水温高于20 ℃均可放养，最适宜温度为22～28 ℃；pH 7.2～7.5；溶氧量≥4.0 mg/L；鱼种放养前期水深0.8～1.5 m，后随鱼种个体的增加相应地加深水位。

3. 放养时间

每年5月至9月下旬均可放养。

4. 放养规格和放养密度

放养全长9.0～10.0 cm规格的鱼种，放养密度为0.8万～1万尾/亩，同池鱼种规格要整齐。混养规格250～350 g/尾的鳙鱼种25～30尾/亩、规格3.0～5.0 cm的鲫鱼种50～65尾/亩。

5. 放养方法

放苗时水温差不大于3 ℃；鱼种下池前，用2%～3%的食盐水浸泡消毒5～10 min，操作轻柔、快捷，防止鱼体受伤。

（四）投饲

投饲应坚持"定位、定时、定质、定量"原则。以鳢科鱼类专用配合饲料为主，蛋白质含量38%～40%，颗粒直径视鱼体大小灵活调整。投饲分上、下午2次进行，日投饲量视鱼种规格大小而定，通常为鱼种体重的3%～5%。每次具体投饲量根据天气状况、水质条件及鱼的摄食情况适量增减，以80%的鱼吃饱散开为准，时间20～30 min。饲料的质量和安全卫生应符合《饲料卫生标准》（GB 13078—2017）、《无公害食品 渔用配合饲料安全限量》（NY 5072—2002）和《乌鳢配合饲料》（NY/T 2072—2011）的规定。

三、日常养殖管理

（一）巡塘

每日早晚巡视鱼塘，主要观察鱼的活动、健康、养殖水体水质及鱼吃料情况。发现病鱼应捞起诊断，根据具体的疾病及时治疗。发现有死鱼的，应捞起深埋，进行无害化处理。经常检查进水口、排水口是否有渗漏现象，及时堵塞漏洞，保持鱼塘水位，防止逃鱼。下雨天应严防塘水溢堤逃鱼现象。

（二）水质管理

定期检测养殖水体的水质指标，根据各养殖水体的具体情况，采取措施调节。当池水pH在7.0以下时，可全池泼撒生石灰调节pH，每次用量为5～7 kg/亩，使水体的pH保持在7.2～7.5。水体总碱度合适范围：90～230 mgCaCO$_3$/L；总硬度合适范围：80～280 mgCaCO$_3$/L，不在合适范围内要先改良水体水质。总碱度低用生石灰调高，总硬度低用"水质保护神3号"调节。

定期通过使用芽孢杆菌、光合细菌、EM菌等益生菌调节水质，保持塘水"肥、活、嫩、爽"。养殖的中后期水体的水色过浓时，可以通过注水、换水的方法来调节水体的透明度，使其保持在15.0～20.0 cm。

（三）越冬管理

当年投放的鱼种到年底平均规格达到0.9 kg/尾的上市规格，可以捕捞上市，也可以自然越冬或搭建塑料薄膜大棚越冬（图5-6）。自然越冬的鱼塘，在水温低于15 ℃或鱼停止摄食前加深水位，使塘水水深保持在1.8～2.5 m，同时通过换水、施用益生菌等措施定期调节水体pH、NH_4^+–N、NO_2^-–N等水质指标。越冬期间，定期检查鱼体健康情况，及时杀灭鱼体寄生虫。搭建塑料薄膜大棚越冬的鱼塘，由于大棚内鱼塘水温较高，参照过冬前的养殖方式进行管理，并注意适时通风。

图5-6　搭冬棚越冬

第六章
鳢的营养需求和饲料

一、鳢的营养成分组成

（一）鳢的常规营养成分组成

鱼肉中蛋白质含量高低是衡量食物营养价值的重要参数之一，脂肪是影响鱼肉嫩度的重要因素，在代谢活动中起着重要的作用。鳢的含肉率达65.88%～71.43%，粗蛋白质含量为18.9%～21.4%，水分含量为72.43%～78.48%，粗脂肪含量低至1.13%～3.1%，可食率达70%左右。赵立等（2015）对野生和养殖乌鳢肌肉中营养成分进行分析和评价，表明以野杂鱼为食物来源的养殖乌鳢营养价值更高，风味更优。王玉林等（2019）比较了乌鳢在内的4个目13个种淡水鱼的基本营养成分，结果表明乌鳢属于低脂肪、高蛋白的经济鱼类。杂交鳢的肌肉粗脂肪含量是其父母本（乌鳢和斑鳢）的2倍多。

（二）鳢的氨基酸组成

鱼类肌肉中蛋白质的含量决定其营养价值，而氨基酸的组成和含量决定了蛋白质的品质。优质鱼肉蛋白质需要具备全面的必需氨基酸和合理的必需氨基酸比例。氨基酸（AA）中必需氨基酸（EAA）和鲜味氨基酸（UAA）的组成和含量也是重要的参考依据。蛋白质中EAA/TAA组成在40%左右（TAA，氨基酸总量），EAA/NEAA在60%以上（NEAA，非必需氨基酸），一般被认为是质量较好的蛋白质。研究显示，综合比较几种鳢的肌肉氨基酸组成，发现氨基酸组成在不同种类鳢肌肉中的含量有所差异，其中谷氨酸、赖氨酸和天冬氨酸是肌肉中主要氨基酸，必需氨基酸含量占总氨基酸含量的39.66%～49.65%，鲜味氨基酸含量占总氨基酸含量的36.96%～38.87%。鳢肌肉中谷氨酸含量最高，赋予乌鳢良好的风味；赖氨酸含量也较高，弥补了我国居民饮食中占比较大的植物蛋白质的不足，提高了营养价值。

在罗青等（2015）的研究中，乌鳢、斑鳢、乌斑杂交鳢和斑乌杂交鳢肌肉中氨基酸含量均高于FAO/WHO标准，苏氨酸和异亮氨酸含量接近或高于鸡蛋蛋白标准，而赖氨酸含量则超过鸡蛋蛋白标准34%～48%，说明鳢必需氨基酸的组成相对均衡，且含量丰富，而第一和第二限制氨基酸分别为蛋氨酸和缬氨酸。对鱼肉的鲜味程度贡献最大的是肌肉中的氨基酸和核苷酸，鳢中谷氨酸的含量较高，因此鳢具有较好的风味。

（三）鳢的脂肪酸组成

脂肪是细胞的重要组成成分之一，为人体提供必不可少的营养支撑。食物中多不饱和脂肪酸（PUFA）特别是n-3多不饱和脂肪酸，具有降血脂、降血压、抗癌、抗衰老、预防心血管疾病的功效。饱和脂肪酸（SFA）为人体提供能量，但含量过高会导致动脉硬化。因此脂肪酸的含量和组成不仅是评价鱼类肌肉营养价值的重要依据，还是影响人身体健康的重要指标。

据研究，鳢肌肉中可测脂肪酸至少有15种，其中饱和脂肪酸占比在21%～51.9%，其中以C16：0含量最高；而不饱和脂肪酸占比在42%～62.9%，其中以C18：1n9和C18：2n6（LA）及C22：6n3（DHA）为主，其中多不饱和脂肪酸最高达57%，表明了鳢是一种富含高不饱和脂肪酸的经济鱼类。有学者分析比较了鳢、草鱼、鳙和鲫的脂肪酸组成，发现鳢多不饱和脂肪酸明显高于其他3种经济鱼类（22.5%～25.3%）。

（四）鳢的其他元素组成

矿物质元素（包括常量元素和微量元素）参与人体新陈代谢、各种生物和化学反应等，维持机体渗透压、酸碱平衡。鱼肉富含大量的矿物质元素、蛋白质和维生素，且肉质鲜嫩，是人们通过膳食补充微量元素的首选食材。研究者比较了鳢肌肉中微量元素组成，常量元素P、Na、K、Ca在鱼体肌肉中最为丰富，必需微量元素Fe、Zn、Cu等含量依次降低。与其他淡水经济鱼类相比，鳢肌肉中矿物质元素含量较高，营养价值也较高，而养殖乌鳢高于野生乌鳢。

二、鳢的营养需求

（一）鳢的蛋白质和氨基酸需求

饲料蛋白质是影响杂交鳢生长最关键的营养成分。饲料蛋白质的含量、品质及氨基酸平衡对养殖动物的健康、生长发育和养殖性能都有重要影响，也是饲料成本最高的部分。适宜的蛋白质水平不仅能满足水产动物的需求，达到最适生长水平，也能控制饲料成本，减少养殖户的成本投入。

1. 蛋白质需求

蛋白质代谢在动物的生命活动中是至关重要的。动物摄取的蛋白质被消化后释放出的游离氨基酸，被肠道吸收后通过血液循环到达各组织和器官，以保障生命活动对蛋白质这一营养素的需要。肉食性鱼的生长会随着饲料中蛋白含量的增加而增加，但是过多的蛋白会被代谢，增加氮排泄并加重肝脏负担，可能会对鱼体生长有损害作用。因此，精准确定不同物种、不同生长阶段的饲料蛋白需求对于养殖很重要。

对杂交鳢适宜蛋白水平的比较研究表明，与低蛋白饲料组（34%和40%）相比，高蛋白饲料组（46%、52%和57%）杂交鳢的增重率显著升高，饲料蛋白水平为46.1%时，生长性能达最大。聂国兴等（2002）发现乌鳢饲料适宜蛋白质含量为40%。曹振杰等（2003）研究发现，其饲料的适宜蛋白质含量为45%，脂肪为8%，糖类为20%，混合无机盐为2%。综上研究表明，适当提高饲料蛋白水平可以促进鳢的生长。

饲料中的蛋白质和能量应保持平衡，适宜的蛋能比可以在满足鱼体对能量需求的基础上节约蛋白质。Sagada等（2017）发现乌鳢幼鱼在蛋白含量40%，能量1 839.2 kJ/100g，脂肪含量13%（P/E：21.7 mg/kJ）时生长性能、饲料效率和蛋白质效率达最大，其最适蛋能比约为21.6 g/MJ。朱兴华等（2011）发现乌鳢幼鱼最适蛋白水平为43%，能量水平16.4 MJ/kg，蛋能比23.3 g/MJ。综上所述，鳢幼鱼期的蛋白质需求量为40%～47%，其配合饲料应该适当提高蛋白质水平。但关于乌鳢其他生长阶段（中成鱼和成鱼期）的蛋白需求研究还比较欠缺。

亲鱼作为一个特殊的生长阶段，与育肥期培育有所不同。亲本的培育是为了促进性腺正常发育，以获得数量多、质量好的卵子和精子。影响亲本性腺发育和生殖性能的因素很多，如饲养环境、管理技术、饲料的质量和数量、选育的品系或品种等，其中饲料营养无疑是一个十分重要的方面。Fei等（2024）初步开展了饲料蛋白质水平对斑鳢母本性腺发育和繁殖性能的研究，结果发现与低蛋白（44%）组相比，48%的饲料蛋白水平显著提高了斑鳢母本的产卵量，及孵化后7天仔鱼的体长和体重，但是其最适蛋白需求水平还

有待进一步研究。

2. 氨基酸需求

动物在合成蛋白质的过程所需要的氨基酸，一部分可由体内代谢合成提供，称为非必需氨基酸；另一部分则在动物体内不能合成或合成的量不能满足动物的生理需要，而必须由饲料提供，这部分氨基酸称为必需氨基酸（EAA），缺乏必需氨基酸，水产动物会出现活动力降低，食欲减退等现象。此外，氨基酸在抗氧化、免疫应激、荷尔蒙分泌与调控、肌肉发育等方面也发挥着重要作用。因此，饲料不仅仅要提供足够量的总氨基酸（总蛋白），也要提供足量的各种氨基酸，以保证生长最大化。现如今植物蛋白越来越多地应用于配合饲料中，相比于鱼粉，植物蛋白存在氨基酸不平衡和必需氨基酸不足的问题，因此研究鱼体氨基酸需求尤为必要。

聂国兴等（2002）基于饲料氨基酸谱与饲养对象体蛋白氨基酸谱推测出乌鳢必需氨基酸的需要量（精氨酸2.65%、组氨酸0.89%、异亮氨酸1.87%、亮氨酸3.51%、赖氨酸3.78%、蛋氨酸1.06%、苯丙氨酸1.72%、苏氨酸1.96%、缬氨酸1.99%）。尹东鹏等（2018）通过折线模型得出乌鳢幼鱼（5.96 g）的赖氨酸最适宜水平为2.87%，占饲料蛋白质含量的6.65%，通过鱼体必需氨基酸模式推算出其他必需氨基酸需要量分别为精氨酸4.39%、亮氨酸3.1%、异亮氨酸3.21%、蛋氨酸+半胱氨酸2.77%、苯丙氨酸+酪氨酸6.29%、苏氨酸3.46%、缬氨酸3.34%、组氨酸1.76%。另外根据乌鳢幼鱼肌肉必需氨基酸的组成模型推算出乌鳢幼鱼其他必需氨基酸的需要量分别为：精氨酸1.90%、亮氨酸1.34%、异亮氨酸1.39%、蛋氨酸+半胱氨酸1.2%、苯丙氨酸+酪氨酸2.71%、苏氨酸1.49%、缬氨酸1.44%、组氨酸0.76%。

（二）鳢的脂类需求

脂肪是鱼体非蛋白能量的主要来源，已被证实可节约蛋白质和提高蛋白质利用效率。脂肪中含有鱼体必需脂肪酸，并且可以作为脂溶性维生素的载体，促进其吸收利用。Tan等（2018）研究发现，饲料脂肪含量从6.5%提高到12.0%，不仅不会促进杂交鳢生长和提高蛋白质利用率，还会增加鱼体组织、肝脏和肠系膜的脂肪积累，造成血清转氨酶活性升高及胆固醇含量升高。在高密度集约化（产量3 000～5 000 kg/亩）养殖中，杂交鳢的商业饲料中脂肪含量超过8%时易造成机体代谢失调，引起脂肪异常沉积（如肝脏脂肪含量增加），继而影响其产业的健康发展。

磷脂是鱼类体内重要的结构和功能分子，参与细胞膜合成、能量代谢、信号转导等多种生理过程，可通过促进脂肪酸运转、增强脂肪酸氧化并抑制脂质生成等方式降低肝脏脂肪含量。鱼类对磷脂的需求量和利用效率会因不同发育阶段和不同物种而变化。仔鱼合成磷脂的能力有限，在其饲料中补充磷脂十分必要。张玉等（2023）研究发现，在饲料中添加磷脂可显著提高乌鳢幼鱼的生长性能，提高其抗氧化能力，显著降低肝脂沉积，最适添加量为5.36%。在等氮等脂条件下，杂交鳢的生长与磷脂添加量成正比，且在饲料磷脂含量为41.5 g/kg（大豆磷脂添加量3%）时获得最高的特定生长率。

（三）鳢的碳水化合物需求

碳水化合物按生理功能可分为可消化糖类和粗纤维两大类。可消化糖类主要是无氮浸出物，包括单糖、低聚糖、淀粉和糊精等，

是构成组织细胞的重要物质和三大能源物质之一，也是合成体脂和非必需氨基酸的重要原料。饲料中含有适量的碳水化合物时，可减少鱼体对蛋白质的消耗。粗纤维一般不被鱼类消化吸收，但可以刺激消化酶的分泌和促进肠道蠕动，对维持机体健康具有重要作用。

与哺乳动物相比，鱼类利用碳水化合物的能力较差，饲料中糖水平过高会抑制鱼体生长，导致血糖水平持续偏高，免疫功能降低。有学者进行乌鳢养殖试验，在膨化饲料中添加不同水平面粉（13%、16%和19%）与冰鲜鱼组对比，发现乌鳢的生长性能受到显著影响，在摄食后很容易出现持久高血糖现象。马霞等（2015）发现在乌鳢膨化饲料中木薯粉含量过高会影响乌鳢的肝脏健康，进而阻碍鱼体的正常生长。Xu等（2023）在杂交鳢的研究中得到最大生长性能和维持正常代谢的适宜饲料糖水平为11%。

（四）鳢的微量营养素需求

1. 维生素营养

维生素是维持动物健康促进动物生长发育和繁殖所必需的一类微量小分子有机化合物，参与物质代谢和能量代谢的调控。对于多数维生素，动物本身没有全程合成能力，或者合成量不能满足需要，主要依赖于食物的供给。王桂芹等（2010）研究表明，适当添加维生素B_6可提高乌鳢对饲料的利用率，增强蛋白代谢酶活力，促进蛋白质合成与调控，进而促进生长。Zhao等（2018）在杂交鳢幼鱼饲料中添加维生素E，可以提高机体的抗氧化性能和非特异性免疫反应。也有研究表明，在线鳢饲料中补充75 mg/kg和150 mg/kg的维生素C（L-抗坏血酸），能够增加鱼肌肉中蛋氨酸、苏氨酸、亮氨酸、组氨酸、赖氨酸和谷氨酸合成量，进而提高鱼肉营养价值。

2. 矿物质营养

矿物元素是一大类无机营养素。水产动物与其他养殖动物一样，需要吸收矿物元素满足骨骼生长发育、代谢调节等需要。动物体所需矿物质分为微量矿物元素（＜50 mg/kg）和常量矿物元素（＞50 mg/kg）。磷不足可能会导致杂交鳢生长缓慢、抗氧化能力下降及体脂含量增加。研究结果表明，乌鳢最适宜的有效磷添加水平为0.8%，饲料中适宜混合无机盐含量为2%。Shen等（2017）在杂交鳢的研究中发现，饲料中有效磷的最适需求量为9.6 g/kg。也有研究者在对硒元素的研究中发现，添加有机硒并不会对杂交鳢的生长性能及形体指标造成显著影响，但可以显著提高杂交鳢抗氧化能力。Fei等（2022）的研究报道，饲料中添加81.94～101.05 mg/kg锌可提高血浆免疫参数活性和先天免疫能力。目前，关于鳢对各种必需微量元素需求的报道很少，因此未来仍需要进一步研究。

三、鳢的饲料配制

配合饲料是根据动物的营养需要，按照饲料配方，将多种原料按一定比例均匀混合，经适当加工而成、具有一定形状的饲料。配合饲料在水产养殖业的发展中起着重要作用。可以说，没有现代的饲料工业，就不会有现代化水产养殖业。

（一）饲料配方设计

不同的养殖对象或同一养殖对象的不同发育时期及不同的养殖方式其配合饲料的配方、营养成分、加工成的物理形状和规格都不同。饲料配方的设计是根据养殖对象的营养需求参数和饲料原料的营养组成，应用一定的计算方法，将各原料按一定比例配合，制定

出能够满足养殖动物营养需要的饲料配方（原料组合）的一种运算过程。饲料配方设计的目的是合理地选用原料，科学地确定其配比，生产成本低、质量好的配合饲料，以用于养殖生产，获得最大的经济效益、环境效益和社会效益。饲料配方的设计原则包括：营养性、适口性、经济性、可加工性、市场认同性、稳定性、灵活性、安全合法性。

（二）饲料原料在鳢配方中的应用

消化率是评价饲料及饲料原料营养价值的重要指标。我国饲料原料品种繁多，营养成分差异大，不同原料的消化吸收率差异很大，因此研究水产动物对不同原料的消化率很有必要。利用体外消化方法，采用酶粗液对不同种类的饲料原料进行离体消化，发现乌鳢整个消化道平均消化能力为鱼粉＞豆粕＞酱糟＞藻粉。

鱼粉仍然是当今水产养殖业中的主要蛋白原料。但是由于鱼粉价格和供应的不稳定，近年来，国内外关于乌鳢饲料中鱼粉替代的研究较多。有学者研究比较了不同蛋白源替代鱼粉的研究，发现豆粕和菜粕的替代效果最好，棉粕次之，肉粉最差。使用发酵棉粕+发酵菜粕+发酵蚕蛹+发酵桑叶+晶体氨基酸组成的复合蛋白源在杂交鳢饲料中替代12%鱼粉不会对杂交鳢生长造成影响，过高水平替代虽会抑制生长，但可改善杂交鳢机体糖脂代谢，提高机体抗氧化能力。以裂殖壶菌藻粉（粗蛋白30%、粗脂肪35%）替代3%的鱼粉，不会对杂交鳢产生不利影响，且可提升肌肉品质并改善鱼肉风味。有研究发现豆粕可以替代50%鱼粉而不影响乌鳢生长性能，膨化大豆蛋白在添加蛋氨酸的前提下可代替60%~80%的鱼粉而不影响生长性能和肝脏代谢。水产动物对于豆粕的耐受程度与养殖周期有一定关系，动植物蛋白对乌鳢配合饲料中鱼粉蛋白的最适替代水平为20%～60%。

植物蛋白中含有的大量抗营养因子（肌醇六磷酸、大豆凝集素、皂苷等）和风味物质，鱼粉替代后往往会引起鱼体摄食下降、生长减缓、饲料利用率低等一系列问题。通过添加晶体氨基酸或多种蛋白源混合平衡，运用一定饲料加工工艺（加热、膨化、发酵、酶解等）除去部分抗营养因子，可提高鱼类采食量、促进饲料消化吸收和利用。

（三）鳢饲料功能性添加剂

饲料添加剂是为了保证或者改善饲料品质，促进养殖对象生产，保障养殖动物健康，提高饲料利用效率而添加到饲料中的少量或微量物质。功能性饲料添加剂的最终目的是实现促诱食、促消化、促生长、降低饲料系数、降低氨氮和磷的排泄、促进脂肪代谢、保肝护肠、提高自身的免疫力和抗病力、稳定水相、调控品质。

Hien等（2015）发现乌鳢饲料中添加1%的牛磺酸可使豆粕替代鱼粉从最高30%提高到40%而不影响乌鳢幼鱼生长性能。在生产实践中，人们发现杂交鳢对饲料"适口性"要求很高，在杂交鳢配合饲料配方设计中，寻找高效的促摄食物质很重要。研究发现，饲料中添加3%的虾膏能够显著提高杂交鳢采食量，改善其生长性能；使用5%黑水虻干幼虫粉或10%鲜虫浆较乌贼膏有更好的促生长作用，还可以有效增强机体抗氧化和免疫功能；添加赤子爱胜蚓鲜虫浆可以有效提高杂交鳢胃、肝胰脏、幽门盲囊等多个组织消化酶的活性。虾青素可通过GR信号通路调控乌鳢应激过程，具有抗氧化和抗炎特性，适宜添加量为100 mg/kg。甜菜碱、酵母铬、三丁酸甘油酯、胆汁酸、免疫多糖和益生菌在提高杂交鳢增重率、肌

肉蛋白含量、肥满度、非特异性免疫力及降低饲料系数方面也具有一定的效果，可以改善杂交鳢氨基酸总量、必需氨基酸含量及鲜味氨基酸含量。

中草药是一类有效添加剂。添加复方中草药制剂可以促进杂交鳢的生长，减少脂肪沉积，有利于增加肌肉总游离氨基酸和鲜味氨基酸含量，降低滴水损失率，减小肌纤维直径，提高肌肉品质。适量黄芪多糖能够提高杂交鳢的生长性能、消化能力、免疫能力、抗氧化能力和抗病力，添加量以1.5 g/kg较为适宜，达到2.0 g/kg时效果反而下降。桑叶富含多糖、黄酮、生物碱等生物活性成分，可通过降糖、降脂有效调节乌鳢脂质代谢，添加7.5%发酵桑叶可提高杂交鳢的生长和饲料利用，有利于肝脏健康，降低血脂和血糖水平。

第七章
鳢的主要病害及其防治

　　近年来，随着鳜养殖规模的不断扩大、集约化程度的不断提高，以及受养殖环境污染、管理技术措施相对滞后等诸多因素的影响，水体出现富营养化，鳜病害频繁发生且日趋严重。病害频发增加了滥用药风险，给水产品质量安全带来挑战，造成了极大的经济损失。

　　2020年4月，农业农村部印发通知，决定从2020年起，在全国开展水产绿色健康养殖"五大行动"，有针对性地解决当前我国水产养殖业传统养殖方式落后、养殖水域环境污染、养殖病害多发、水产品质量安全隐患等突出问题，从源头上保障养殖产品质量安全，全方位解决动物疫病防控问题，从根本上改变水产疫病不可控的被动局面。要解决鳜疫病防控问题，就要做到认识病原、准确诊断，并建立综合防控技术。

一、主要病害和病原

　　目前鳜育苗及养殖过程出现的病害种类达30多种，病原种类涵盖病毒、细菌、真菌、寄生虫等，涉及鱼苗、鱼种和成鱼养殖各个阶段，不同地域和养殖模式发生的病害种类有所区别和侧重。其中病毒性流行病发病急，往往来不及诊治就已经开始蔓延，且常呈暴发式传播，传播范围广及防治困难等特点，是目前困扰鳜养殖发展最突出的问题。

（一）病毒病

1. 弹状病毒病

　　由弹状病毒科（*Rhabdoviridae*）水泡性病毒属的杂交鳜弹状病毒（Hybrid snakehead rhabdovirus，HSHRV）引起的广宿主疾病，弹状病毒为线性负链单链RNA病毒，病毒粒子大小为53 nm × 140 nm，形态似棒状或子弹状而得名（图7–1）。其中乌鳢水泡病毒（SHVV）是一种新分离的弹状病毒，给我国的乌鳢养殖业造成了巨大经济损失。

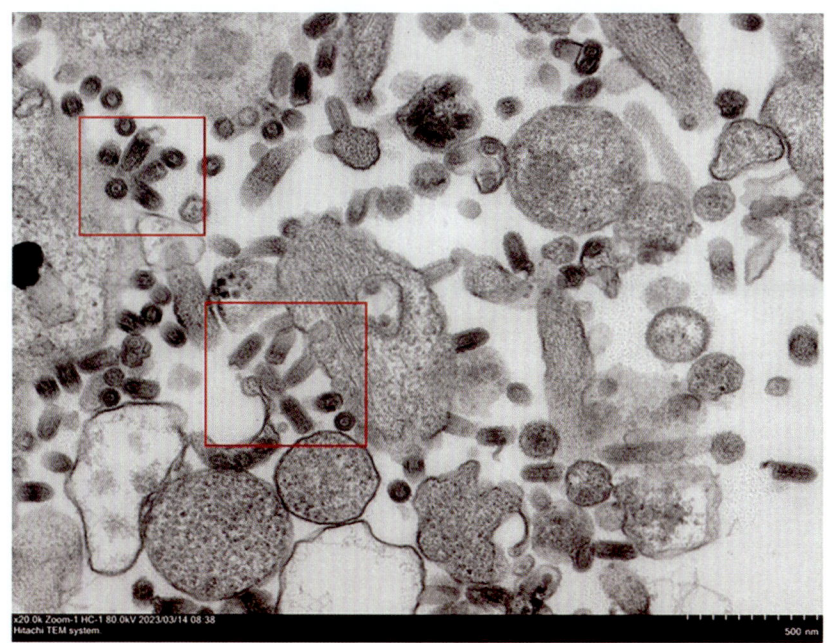

图7–1　电镜下的弹状病毒颗粒呈子弹状（Deng et al.，2024）

（1）流行特点

该病目前已经大规模流行，大部分杂交鳢养殖地区均有发生，当养殖水体中溶解氧低，氨氮及亚硝酸盐含量高或放养密度过大时易发。主要发生在4—5月、10—11月，水温在25～28 ℃时易发，常发生在水温突然升高或突然降低时。

（2）主要症状

患病鳢体色变黑，反应迟钝、呼吸困难，靠池塘边漫游，也有苗种患病期间躁动不安，在水中狂游打转，肛门红肿，剖检时可见其肝、脾脏和肾脏严重肿大，且有红点附着其上，鱼鳔充血出血肿胀（图7–2）。

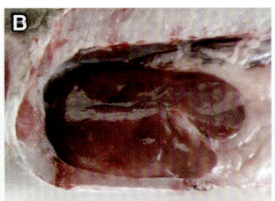
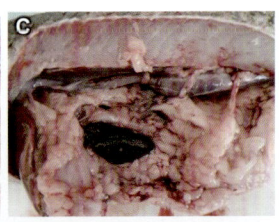
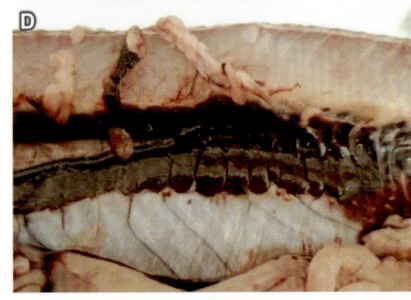

A—患病鱼体表出血、肛门肿大；B、C—肝脾肾严重肿大、出血；D、E—鱼鳔被出血斑块覆盖。

图7-2 弹状病毒病症状

（3）防治措施

①苗种放养前，应对池塘彻底清塘，并对养殖工具进行消毒。

②严格对种苗进行检测和消毒，避免病原从种苗带入。

③放养密度不宜过大。

④选用优质、高效饲料投喂，正确掌握投饲量，坚持"四定"原则。

⑤在养殖过程中，饲喂低聚壳聚糖、维生素、酵母粉、氨基酸、葡萄糖、多肽类、酶类等增强鱼体自身对病害的抵抗力。

⑥在养殖过程中，定期进行调水改底，特别是在养殖中后期。

⑦发现死鱼及时捞出并深埋，工具按时消毒，防止病毒交叉感染。

⑧防止细菌病、寄生虫病等继发性疾病，或采取相应药物防治。

⑨发病时，忌用刺激性较强的药物，可以使用针对性较强的治疗病毒病的药物。

2. 虹彩病毒病

由细胞肿大病毒属（*Megalocytivirus*）虹彩病毒引起，该类病毒有囊膜，核衣壳为二十面体，直径125～300 nm，病毒核酸为双链线状DNA，是目前发现的危害鱼类健康的重要病毒性病原之一。

（1）流行特点

目前发现易感的养殖品种有鲈形目、攀鲈目、鳕形目、鲽形目和鲀形目中的一些鱼种。细胞肿大病毒属虹彩病毒的最适流行水温是28～30 ℃，多在春秋季节暴发，最高死亡率可达100%。也有研究表明，当水温低于18 ℃或者高于34 ℃时该病毒可感染鱼类而不出现任何临床症状；发病时水温在20 ℃以上，开始发病时每天死亡数量少，死亡上升到高峰后每天死亡数量缓慢下降。细胞肿大病毒属虹彩病毒广泛分布于中国、日本、韩国、泰国，以及东南亚的近百种淡水、海水鱼类中，可使感染鱼类大面积死亡，给水产养殖者造成重大经济损失。

（2）主要症状

该病毒引起的"游水"发病时间长，在1周以上，有时甚至持续1个月，这些患病的鱼没有特定的外部症状。在内部，患病的鱼腹水，肠系膜出血及肠内脓液，"游水"鱼可见脾脏明显肿大、发黑，肝脏呈"花肝"状，内脏脂肪也有出血点，肠道有黄色积液，肾脏肿大（图7-3）。电子显微镜分析显示，受感染的细胞出现细胞核向细胞外围移位、核固缩和边缘染色质等现象。两种病毒包涵体被观察到，包括胞质内包涵体和核内包涵体，病毒可以从细胞核输出到细胞质并到达胞质内包涵体。病毒内吞作用和病毒出芽如图7-4所示。

（3）防治措施

虹彩病毒病的防治措施参照"1.弹状病毒病（3）防治措施"。

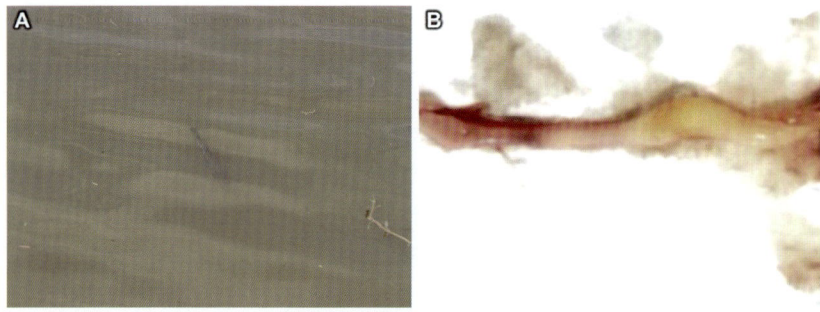

A—患病鱼"趴边"；B—肠道出血。
图7-3 虹彩病毒病症状

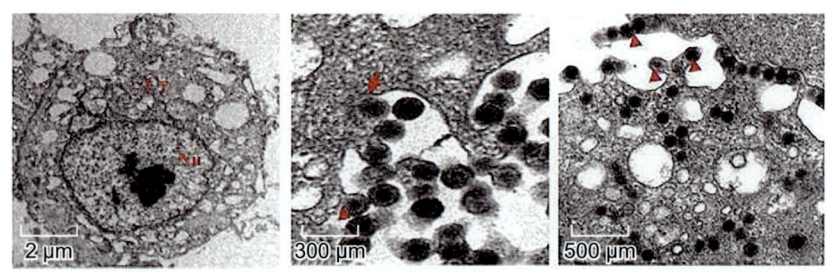

Nu—细胞核；Cy—细胞细胞质；箭头—病毒内吞作用；三角形—病毒萌芽。
图7-4 CPB细胞的超薄切片显微照片（Fu et al.，2017）

3. 淋巴囊肿病

是由虹彩病毒科（*Iridoviruses*）淋巴囊肿病病毒属（*Lymphocystivirus*）的淋巴囊肿病病毒（*Lymphocystis disease virus*，LCDV）引起的广宿主疾病。LCDV属于双链DNA病毒。

（1）流行特点

LCDV可感染141种硬骨鱼，其中有100种淡水鱼和海鱼。水温为25～27 ℃。这种疾病每年都会暴发。

（2）主要症状

患病鱼游动异常，背鳍和尾鳍上出现大的红灰色疣（图7-5），这些疣被压碎后会变成类似白色的颗粒。剖检时可见其肝、脾脏肿大，且有红点附着其上，鳔充血肿胀。组织病理学观察显示，患病鱼大脑白质区的炎症细胞和疣中的淋巴细胞间的积聚，大脑、肝脏和肾脏充血和出血，肝脏脂质沉积症，脾脏和肾脏坏死，脾脏中出现多个黑色素巨噬细胞中心（图7-6）。

A—患病鱼背鳍上有红灰色疣；B—患病鱼尾鳍上有红灰色疣；C—背鳍和尾鳍症状。

图7-5　淋巴囊肿病症状

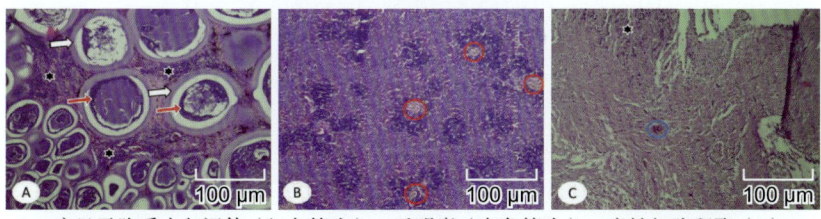

A—疣显示胞质内包涵体（红色箭头）、透明囊（白色箭头）、炎性细胞积聚（*）；
B—脾显示黑色素巨噬细胞中心（红圈）；C—脑显示血管周围呈锯齿状（蓝圈），炎性细胞积聚（*）。

图7-6　鳢患病组织的组织病理学切片（Nikmah et al.，2024）

（3）防治措施

避免放养密度过大，科学投喂新鲜优质饲料，保证养殖水质良好。可用生石灰等对养殖池塘进行彻底消毒。10～12 mg/kg氟苯尼考、0.025 g/kg三黄粉和0.6～1.0 g/kg维生素C混合使用，可有效预防该病。平时可用适量中草药拌饲投喂，以提高鳢的免疫力。

（二）细菌病

虽然病毒病造成的死亡率高，但其发生率相对较低，在日常管理中常发的还是细菌病，在临床上检测到的发病病例中，细菌性病原可占到39.4%（104/264），在所有病原中占多数。其中以诺卡氏菌病、气单胞菌败血症、舒氏气单胞菌病、爱德华氏菌病等比较严重，其他如柱状黄杆菌病、弗氏柠檬酸杆菌病、弧菌病等经常检出，但这些菌类的发病率和死亡率相对较低。

1. 诺卡氏菌病

诺卡氏菌（*Nocardia* spp.）是好氧革兰氏阳性菌，属于放线菌门（Actinobacteria）放线菌目（Actinobacterales）诺卡氏菌科（Nocardiaceae）诺卡氏菌属（*Nocardia*），在鳢中流行的为鰤鱼诺卡氏菌（*Nocardia seriolae*）。该菌生长温度为12～40 ℃，水温在15～32 ℃时流行，最适温度为25～28 ℃，生长盐度为0～45，最适盐度为0～10，生长pH为5.8～8.5，最适为6.5～7.0。

（1）流行特点

该病流行季节较长，发病高峰在6—10月，尤以秋冬季常见。发病鱼常为1龄或2龄鱼，特别是养殖中后期，规格大于20.0 cm的中成鱼易发。该病潜伏期长，病情发展缓慢，但发病率和死亡率都较高。自然发病率为15%～30%，严重的可达60%，而人工感染的死亡率高达90%～100%。

（2）主要症状

鱼类诺卡氏菌病为慢性全身性疾病，典型症状主要包括皮肤的溃疡灶和内脏器官肉芽肿病变。当鱼体质虚弱、免疫力低下时，可通过消化道、鳃或创伤而感染。发病早期表现出反应迟钝、食欲下降、上浮趴边等症状，体表无明显症状。随着病情加重，部分出现创伤、溃烂出血等，严重病例背部、腹部和尾部体表损伤并溃烂出血，更有甚者体表形成脓肿或瘘管，有些还有肛门红肿，腹部肿大，鳃丝出现大量白色结节，并逐渐死亡。解剖观察发现，肿大的腹腔内有少量透明或淡黄色液体，在肝、脾、肾、心脏和鳔等内脏组织中有乳白色或淡黄色结节出现，直径0.1～0.2 cm，大者可达0.5 cm以上，其中肝脏、脾脏和肾脏的结节数量较多。光学显微镜下观察到肾脏、肝脏、脾脏、头肾、肌肉、表皮、心脏、肠道、鳃和卵巢等器官内部有大量的慢性肉芽肿结节，还伴有器官的细胞病理变化。一般肾脏、肝脏、脾脏结节较多，其他器官结节较少。轻微病例脏器内部的结节较少，直径较小，严重病例脏器内部的结节较多，甚至融合在一起，直径较大，细胞的病变也较严重（图7-7）。

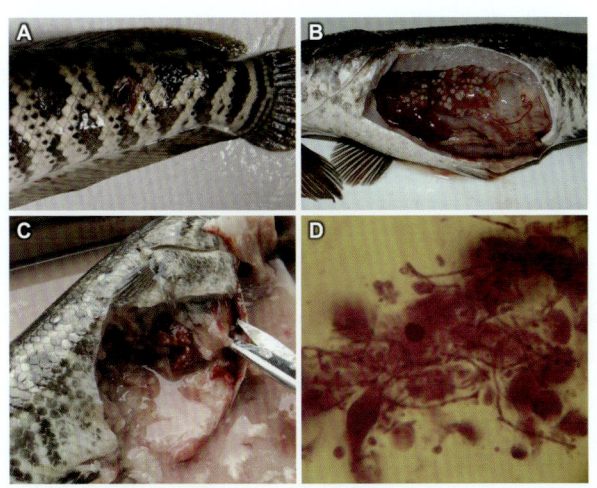

A—患病鱼体表出血、脓肿或瘘管形成；B—肝脏表面的白色结节；C—内脏团糜烂；
D—肾脏白色结节压片染色（3 200×）。

图7-7　诺卡氏菌病症状

（3）防治措施

目前尚未有特效的治疗方法。流行季节前应提前增强免疫，保肝护肠，特别是加强维生素强化，做好预防工作。发病初期可按照《水产养殖用药明白纸》所列抗菌药物和中草药混合投喂，进行控制。

2. 气单胞菌败血症

嗜水气单胞菌（*Aeromonas hydrophila*）、维氏气单胞菌（*A. veronii*）等气单胞菌都属于气单胞菌科（Aeromonadaceae）气单胞菌属（*Aeromonas*），是一类兼性厌氧的革兰氏阴性条件致病菌，是淡水、污水、淤泥及土壤中常见的细菌，可引起细菌性败血症。由嗜水气单胞菌引起的细菌性败血症是二类动物疫病。气单胞菌革兰氏染色为阴性，菌体两端钝圆，大小为（0.25～0.5）μm ×（1.1～2.2）μm，大多数是分散的，极端生单鞭毛，具运动力，无荚膜，不产芽孢，在普通营养琼脂培养基平板上培养24 h，得到边缘整齐、平滑、透明、直径为1.0～2.0 mm的圆形菌落，无色素产生，有特殊气味（图7-8）。

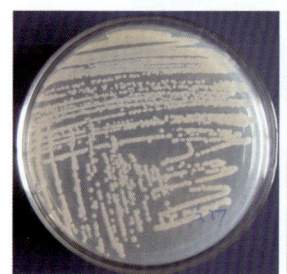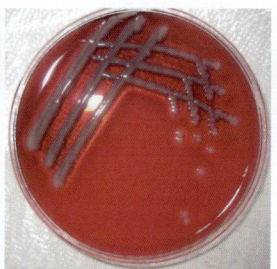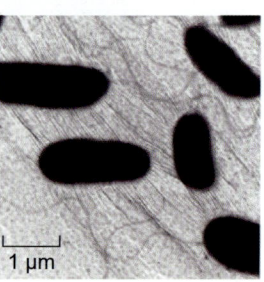

图7-8　普通营养琼脂、血平板24 h培养的气单胞菌菌落和电镜下有鞭毛、纤毛的菌体

（1）流行特点

气单胞菌引起的病害具有明显的流行性病学特征，此病在9～36 ℃均有流行，流行时间为3—11月，高峰期5—10月，尤以水温持续在28 ℃以上时最为严重。气单胞菌致病范围较为广泛，鱼类、甲壳类、贝类、爬行类、两栖类等均可感染，其表现一般为慢性皮肤溃烂，亦可表现为败血症急性死亡，发病快，难控制，死亡率高。但作为一种条件致病菌，气单胞菌是鱼体的常驻菌，健康的鱼体也可分离到少量气单胞菌，当水温较低、水质清洁、鱼处于良

好状态时，它们并不导致鱼体发病。

（2）主要症状

鳜感染气单胞菌后，病鱼进食量严重减少，体色发黑，很少游动，活力明显降低。体表出血及鳞片脱落和溃烂，鳃盖出血，鳃丝肿大出血，个别病鱼离群在岸边独游死亡。解剖鱼体，腹腔内有大量红色腹水，肠道充满淡黄色液体或气泡，肝脏呈土黄色或充血呈暗红色，略有肿大，有时在肝脏和腹膜还出现病灶性的出血症状，肾略肿（图7-9）。一般体表出现明显症状后，在1～3天内便死亡。

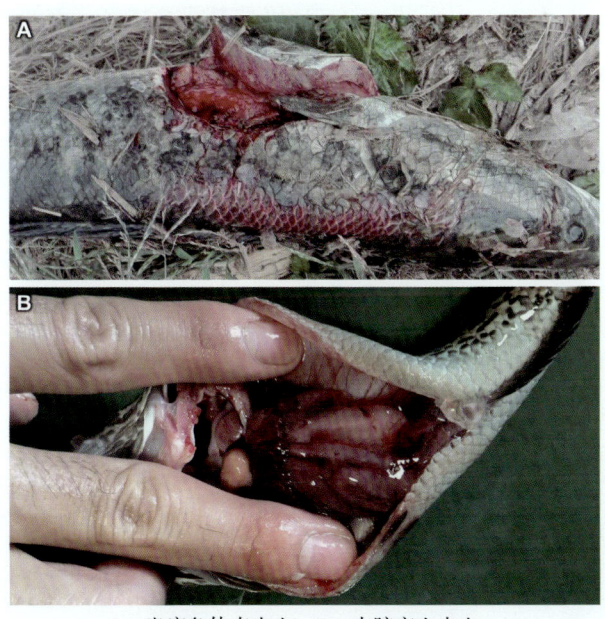

A—患病鱼体表出血；B—内脏充血出血。

图7-9 气单胞菌败血症症状

（3）防治措施

①下塘前1～2天用聚维酮碘全池泼洒，使其在池水的含量为0.25 mg/L，同时鱼体也需消毒。

②在养殖中鱼体出现患病征兆时，及时检查。

③周期性地拌饵投喂有抑菌和免疫增强成分的添加剂如维生素C等，增强鱼体抗病力和抗应激能力。

④加强水质调控，除了日常进排水，还可以用绿色环保的方法改良水质。

⑤经常巡塘，出现鱼病可快速地采取措施，减少损失。

3. 舒氏气单胞菌病

舒氏气单胞菌又称舒伯特气单胞菌，也属于气单胞菌科（Aeromonadaceae）气单胞菌属（Aeromonas），呈短杆状，两端钝圆，直形或略弯。为革兰氏阴性细菌，无芽孢。兼性厌氧，在BHI培养基上28 ℃培养48 h后形成中央隆起、圆形、湿润、表面光滑、边缘整齐的灰白色圆形菌落，直径为0.5～2.2 mm，不产生色素（图7-10）。舒氏气单胞菌最早于1981年从美国得克萨斯州潜水受伤的病人前额脓肿中分离得到。舒氏气单胞菌是一种人兽鱼共患病病原，可引起人的急性肠胃炎、食物中毒和坏死性筋膜炎，在养殖业中也有感染猪并导致其死亡的案例。

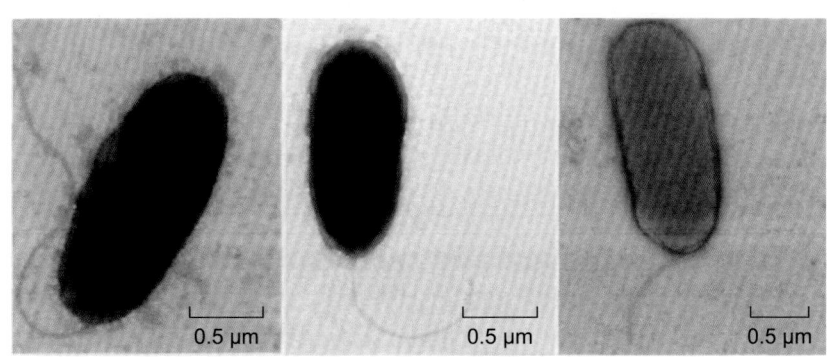

图7-10　电镜下舒氏气单胞菌不同菌株的鞭毛、纤毛

（1）流行特点

该病病程短、死亡率高、传播速度快，且主要症状与诺卡氏菌病相似，容易误诊，对养殖鳢科鱼类危害极大，目前已经成为鳢养

殖业的主要病害之一。高温季节流行，多见于6—9月，水温30 ℃及以上流行较快。此外，还发现舒氏气单胞菌感染引起罗非鱼、虹鳟、鳖大量死亡的报道。

（2）主要症状

前期体表症状不明显，发病鱼表现为皮表溃烂，在肝、肾和脾脏形成平滑、柔软、边缘界限不清晰的白色点状坏死灶，大小为0.8～2.2 mm。与诺卡氏菌病病程漫长不同，鱼类舒氏气单胞菌病病程较短，人工感染发现杂交鳜第二天就出现死亡，第三天死亡的病鱼肝脏开始出现自然发病鱼相似的类结节症状，且白点大多集中在肝、脾、肾上，而诺卡氏菌形成的白色结节可出现在所有组织器官中（图7-11）。

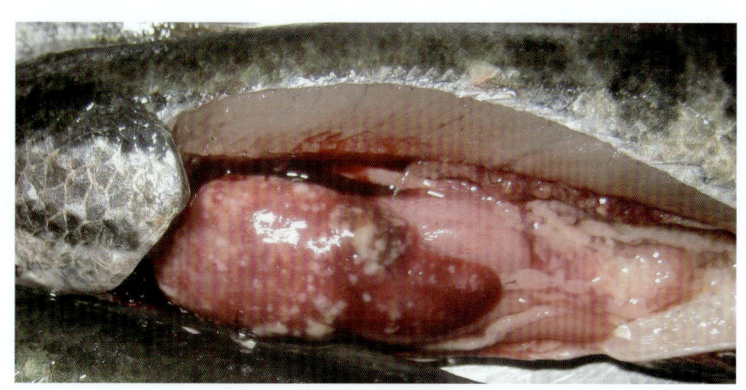

图7-11　舒氏气单胞菌病症状

注：患病鱼肝、脾、肾上大小不一的白色结节，有的形成片状。

（3）防治措施

药敏试验结果表明，该菌对壮观霉素、米诺环素、庆大霉素、氧氟沙星、诺氟沙星、头孢类等多种药物敏感。根据病原的药物敏感性选择药物，用药时应严格按照药物用量及用药程序进行，并配合保肝药和维生素等保健品，实现科学用药。因为该类疾病前期体表症状不明显，诊断十分困难，所以养殖过程中应以预防为主，控制养殖密

度，养殖过程中适量投喂，定期更换新水、调节水质，防止水质恶化，定期施放微生态制剂，保持水体及各理化因子的稳定。

4. 爱德华氏菌病

杀鱼爱德华氏菌（*Edwardsiella piscicida*）是革兰氏阴性兼性厌氧细菌，分类地位隶属于肠杆菌科、爱德华氏菌属。可溶血，外形呈短杆状，无荚膜，主要的运动器官为周生鞭毛。其最适生长温度为32 ℃，在胰酪大豆胨琼脂培养基上生长24 h后呈现黄色透明、边缘光滑的小型菌落。杀鱼爱德华氏菌广泛存在于自然环境中，是严重危害水产养殖业的病原之一。该菌被认为是一种条件致病菌，且感染的宿主非常广泛，已引起了多种鱼类的病害，如大菱鲆、牙鲆、黄颡鱼、鳢、鳗鲡等。

（1）流行特点

该菌为条件致病菌，具有明显的季节性，与温度关系非常大，主要流行于夏、秋季节。珠三角地区在低温15～25 ℃时，即开春和入秋时期，鳢更容易感染爱德华氏菌。通常是投喂变质或不洁的冰鲜鱼或配合饲料引起，危害对象以鱼种和成鱼为主，急性发病，死亡率较高。

（2）主要症状

感染杀鱼爱德华氏菌后，重症病鱼轻压腹部可见从肛门流出的淡黄色腹水。解剖可发现鳃发白；肠胃空虚，胆囊充盈；腹部及两侧发生大面积溃疡，溃疡的边缘出血，肾脏肿大，并有许多小白点；脾脏肿大（图7-12）。感染初期病鱼于水面或水体上层游水，摄食减少，反应缓慢，一般体表观察无异常，部分鱼腹部膨胀或体表有少量花斑，肛门红肿。随着病害加重，体表部位出现多处椭圆形的溃烂病灶，严重处鳞片脱落，表皮和肌肉腐烂，露出内脏。病鱼食欲减退以致完全不吃食，活力下降，头部及体表多处出现严重溃烂，鳞片脱落，肛门红肿外翻，部分病鱼腹部膨大有积液，并陆续出现死鱼现象，未死的鱼也因病而失去商品价值，给养殖户造成严重的经济损失。

A—患病鱼体表出现椭圆形溃烂病灶，鳞片脱落，表皮和肌肉腐烂；B—肛门红肿。

图7-12 爱德华氏菌病症状

（3）防治措施

药敏试验结果显示，该菌对环丙沙星、氧氟沙星、头孢曲松、头孢噻肟等高度敏感，对苯唑青霉素、红霉素中度敏感，对复方新诺明、利福平、万古霉素耐药性强。

（三）真菌病

截至目前，关于鳜真菌性疾病的报道只有水霉病和流行性溃疡综合征2种，国内外均未对鳜的真菌性疾病展开深入、系统性的研究。

1. 水霉病

水霉病（*Saprolegniasis*）又称肤霉病或白毛病，由水霉菌或绵霉菌感染鱼体体表引起，属条件致病菌。

（1）流行特点

当养殖水体恶化，鱼体受机械损伤，或水温在15～20 ℃的晚冬早春，尤其是阴雨天气时极易引发该病。鳜在各个生长阶段均可

感染此病，发病率高达80%～90%，死亡率达100%。

（2）主要症状

发病初期症状一般不明显，患病鱼摄食能力下降甚至不进食。随着病原菌不断渗入机体，组织逐渐坏死，体表黏液增加，患病鱼开始独游或停滞不动，体表病灶处开始长出白色絮状的菌丝，仿佛外面长了一圈白毛，故又称"白毛病"（图7-13、图7-14）。

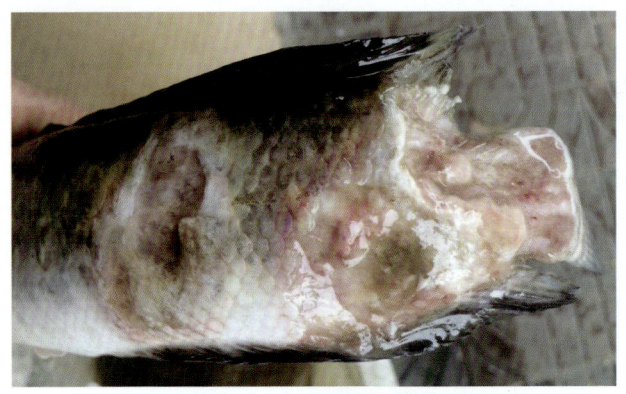

图7-13　水霉病症状

注：患病鱼鱼体受损，大量水霉菌附着。

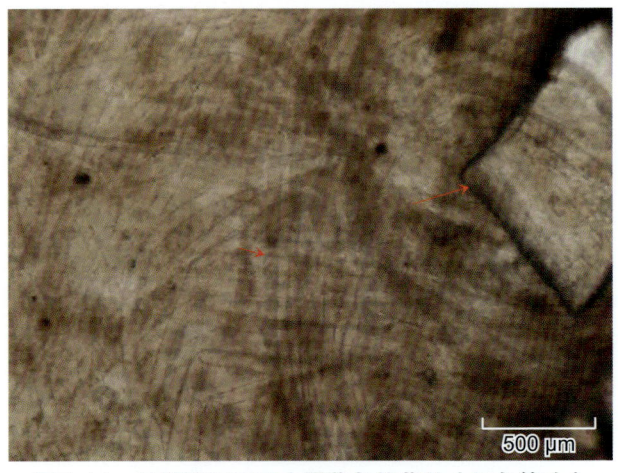

图7-14　显微镜下可见水霉菌条状菌丝（红色箭头）

（3）防治措施

对养殖水体进行彻底消毒，在运输、捕捞鳢时应避免鱼体受伤。入塘前使用4 mg/L的高锰酸钾或2%～5%的食盐水浸泡鱼体，对其进行消毒。30 mg/L的福尔马林溶液可有效防治鳢水霉病。用全池泼洒0.3～0.5 g/m³亚甲基蓝或30～50 g/m³高锰酸钾溶液的方法进行治疗，此外每米水深泼洒120～150 g硫代钾酸铵也有一定疗效。

2. 流行性溃疡综合征

流行性溃疡综合征又称霉菌性肉芽肿，主要为真菌媒介丝囊霉（*Aphanomyces invadans*）所引发。丝囊霉除了会损坏鳢机体组织之外，还会分泌毒素，导致其机体免疫力降低。生产中经常被误诊为细菌或病毒性感染。

（1）流行特点

水温18～23 ℃，尤其是阴雨天气极易暴发此病，死亡率可达90%以上。

（2）主要症状

患病鱼发病初期的症状为食欲减退甚至不进食，体色发黑，在水中狂游或漂浮在水面，鱼体多部位出现红色斑块。随着病情持续加重，患病鱼的头尾、鳍及体表各处开始严重溃烂，可见较大、明显的红色溃疡点，腹部干瘪溃烂，严重者内脏器官外露。剖检可见肠道内无食物，有透明液体渗出，肝脏、脾脏发黄（图7-15）。

（3）防治措施

温度较低时尽量避免换水，预防手段包括通过微生态制剂对水质进行调节，按时清塘消毒，持续增加水中的溶解氧等。在治疗方法上，通过0.3～0.5 g/m³亚甲基蓝和0.3～0.5 mL/m³聚维酮碘交替使用，对养殖水体进行彻底消毒杀菌，连续2次为一个疗程，间隔7天再泼洒消毒一个疗程。选择氟苯尼考、恩诺沙星、克霉唑、维生素C与维生素K₃等做成药饵投喂，可有效治疗该病。

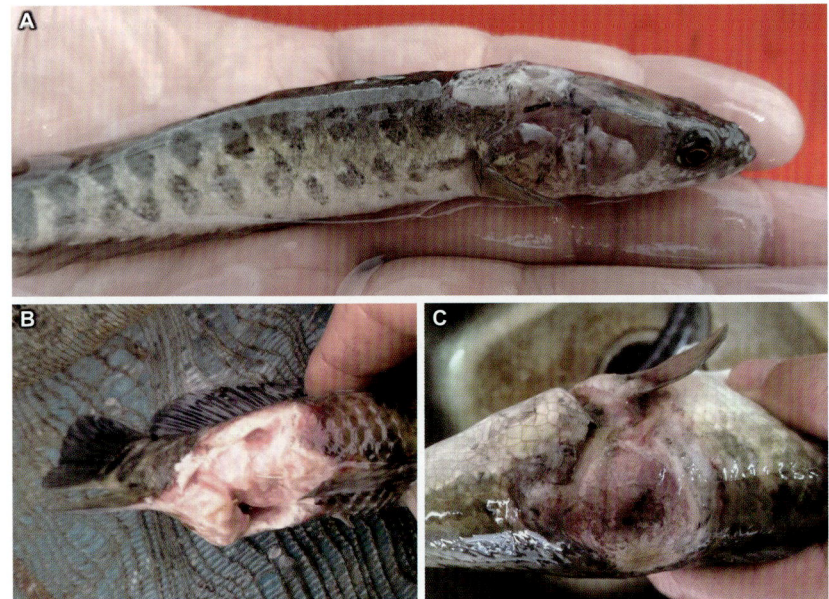

A—患病鱼苗体表溃疡；B—内脏器官外露，伴随竖鳞等症状；C—病灶深入肌肉内部。

图7-15　流行性溃疡综合征症状

（四）寄生虫病

鳢感染的寄生虫以车轮虫、斜管虫、指环虫等为主，在整个养殖过程都会发生。寄生虫造成的直接死亡率不高，但会为细菌等病原打开通道，造成继发性感染，造成的间接死亡率较高。寄生虫导致鳃部发炎充血，严重时甚至溃烂，继发性细菌感染，影响氧气的吸收利用，鱼体出现生理性缺氧，导致"游水"。由于这些寄生虫引起的病害通常呈渐进性发生，因此容易被忽视，当严重感染时，往往会引起鱼类，特别是鱼苗或鱼种的大量死亡。如发现鱼异常症状时，可在虫体寄生的鳃部或其他部位取少许样品置于载片上，制成涂片或水浸片，在显微镜下观察到虫体即可诊断。单纯或少量寄生虫感染，病鱼一般无明显病症，但易诱发烂鳃或加重虹彩病毒感染；大量寄生时，部分病鱼体色偏黑，呼吸困难，游动缓慢，摄食少或不摄食，逐渐瘦弱，最终会因为呼吸困难或并发细菌性疾病而死亡。车轮虫病以夏、秋季为流行盛季，尤其连续阴雨天气最容易引起车轮虫病的暴发，其适宜水温为20～28 ℃；斜管虫病易流行于鳜培苗期，最适繁殖温度12～16 ℃，主要危害鱼苗，2～3天就可布满病鱼皮肤、鳍和鳃丝间，导致鱼苗大批死亡；指环虫适宜繁殖的水温为20～25 ℃，指环虫病多流行于春末夏初。

1. 车轮虫病

鳜车轮虫病的病原为寄生在其鳃丝和体表上的车轮虫（*Trichodina*）。车轮虫生命力极强，繁殖速度快，主要危害鳜鱼苗。

（1）流行特点

每年4—8月为发病高峰期，水温在20～28 ℃时容易引发此病。当养殖面积小、水位过浅、饵料不足、连续阴雨时也容易引发此病。

（2）主要症状

患病鱼典型症状为体表黏液增多、形体消瘦，部分病鱼在水中打转、离群独游，严重时病鱼表面覆盖有一层白膜。打开鳃盖后可见鳃丝发白，刮取鳃丝及体表黏液进行镜检，可见车轮虫（图7-16、图7-17）。

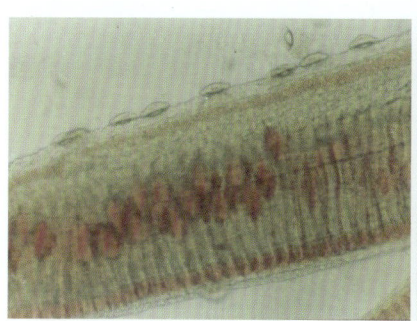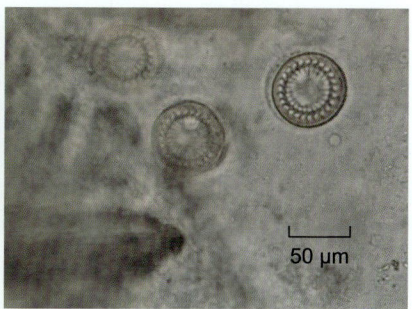

50 µm

图7-16　光学显微镜下的鳃表面车轮虫

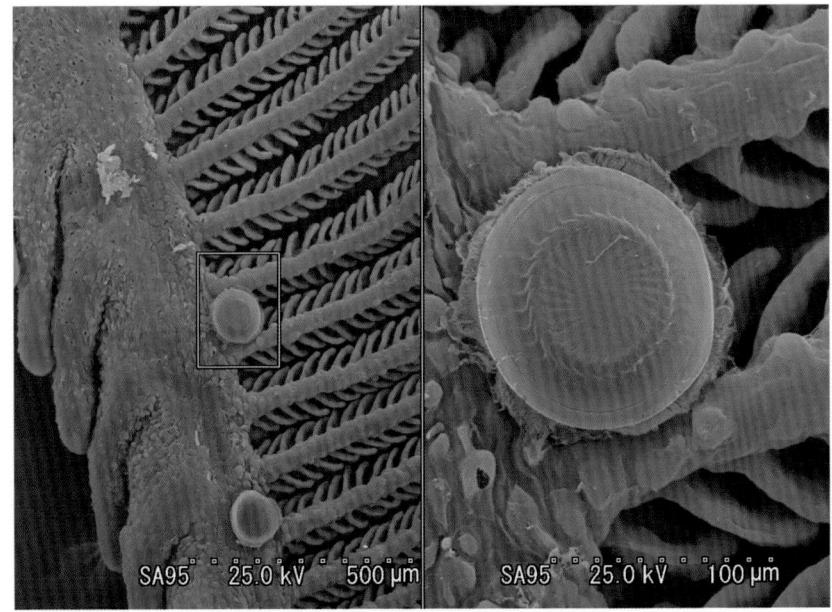

图7-17　扫描电镜下的鳃表面车轮虫

（3）防治措施

预防该病的关键是增加水体中溶解氧；使用生石灰进行清塘消毒，以杀死底泥中的车轮虫；泼洒0.5～1.0 mg/L二氧化氯以防止继发性感染。用0.6～0.7 g/m³硫酸铜溶液全池泼洒，或每亩用苦楝树叶30 kg全池泼洒治疗。

2. 小瓜虫病

小瓜虫病又称白点病，病原为寄生在鱼体上的小瓜虫（*Ichthyophtihirius*）。

（1）流行特点

该病在春秋季节、水温15～25 ℃时易暴发流行，主要感染鳢幼苗。

（2）主要症状

患病鱼鳃丝、鳍条及体表上布满白色小点状囊泡，此为小瓜虫虫体和胞囊，故此病也叫作"白点病"。患病鱼的主要症状为游动迟缓，聚集漂浮于水面，随着病情加重，患病鱼体表似附着一层白膜，部分鳞片脱落，皮肤溃烂，常与固体物质发生摩擦，最终因呼吸困难而死亡。

（3）防治措施

用生石灰清塘清淤，以杀死池塘底部淤泥中的虫卵及胞囊。采用全池泼洒0.3 mg/L亚甲基蓝的方法预防该病。此外，将研磨后的五倍子浸泡后，以3～5 mg/mL浸出液全池泼洒也有良好的预防作用。病情较轻时，使用0.7 g/m³硫酸铜即可治愈小瓜虫病，病情严重时以0.25 kg/亩椒子粉与0.5 kg/亩生姜粉混合使用可见显著疗效。

3. 黏孢子虫病

鳢黏孢子虫病的病原体主要为中华尾孢虫。

（1）流行特点

该病在鳢的各生长阶段均可发生，主要危害鱼种、成鱼。该病在全国各地都有发生，在春秋季及冬季易引发流行，偏酸性水质更易发生，严重时会引起鱼的大量死亡。

（2）主要症状

孢子虫可寄生在鱼体各个部位，所表现的症状及危害程度也不尽相同。孢子虫一旦寄生在鳢的体表、鳃、内脏器官等，将会形成大小不等的灰白色块状或瘤状胞囊。胞囊面积越大，对各组织器官的破坏就越大。主要表现为鳢自身不能保持平衡，在水中偏向一侧游动，不能正常摄食。若孢子虫寄生在鳃上，将直接破坏鳃组织并影响其呼吸。

幼鳢患病后，皮肤、鳃等器官上的胞囊以淡黄色居多，轮廓不清晰，发病严重时胞囊密集，可引起幼鳢死亡。皮肤或鳍条遭遇黏孢子虫侵袭时，病鱼的鳞片竖起、脱落，胞囊膨大破裂后使皮肤及皮下肌肉发炎、溃烂；黏孢子虫寄生于鳃部时，会造成鱼体呼吸困

难并影响摄食，大量胞囊还会使鳢的鳃盖难以闭合（图7-18）。黏孢子虫刺激鳢的表皮组织增生，生成不规则的菜花状瘤状物。增生组织容易继发细菌感染，造成组织发炎。

A—患病鱼体表出血；B、C—内脏充血出血。

图7-18　鳢黏孢子虫病症状

（3）防治措施

黏孢子虫病发生时，可采用水体消毒和内服药物相结合的治疗措施。

①外用：90%晶体敌百虫0.5 g/m³全池均匀泼洒，隔3～4天再用一次。切断传播路线对控制疫情蔓延具有非常重要的作用，所以需定期泼洒敌百虫；按说明书使用伊维菌素，全池均匀泼洒，对池

塘水体容积、用药时水温等因素要准确掌握；按说明书使用含碘制剂，用量要准确，泼洒要均匀。

②内服：按说明书标示剂量使用阿维菌素，连喂4～5天；50%盐酸氯苯胍按40 mg/kg体重拌饵投喂，连喂5天。此药不可加量，拌料要均匀；0.15%～0.2%盐酸左旋咪唑药饵连喂5天；硫黄粉1.5 g/kg成鱼或75 g/万尾鱼种拌入饲料投喂，连喂7天；用百部贯众散连喂5～7天，使用剂量按说明书。内服药在治疗时可添加维生素C和抗菌药，有利于增强鱼体抗病力，促进鱼体恢复。

4. 碘泡虫病

碘泡虫病的病原为碘泡虫属（*Myxobolus*）中的多种碘泡虫，也属于孢子虫的一种，但其表观症状有所不同，鳢各个生长阶段均可感染而发病。

（1）流行特点

在每年的5—8月最为流行，发病率高达90%。

（2）主要症状

鱼体发黑，在水面打转，腹部膨大，剖检后可见有淡黄色液体流出。患病鳢幼苗的肾脏内可见一些白色或浅黄色呈圆形的碘泡虫胞囊。患病成鱼的整个肾脏均长满胞囊，致肾脏坏死。

（3）防治措施

预防为主，可用生石灰化水后清塘消毒，将底泥中的碘泡虫胞囊杀灭。投喂新鲜优质饲料，以提高鱼体免疫力。应注意将病鱼、死鱼等用生石灰或漂白粉处理后深埋于距池塘较远处。使用0.3～0.5 mg/L晶体敌百虫或0.5 mg/L硫酸铜全池泼洒，同时用0.8～1.0 g/kg硫酸锌或2.0～2.5 mg/kg盐酸氯苯胍拌饵投喂，可见显著疗效。

（五）其他疾病

鳢养殖过程中，还受到非病原的病害影响。

1. 肿瘤病

肿瘤病俗称"鱼瘤病"，病鱼腹腔内壁一侧有瘤状物。

（1）流行特点

在鳢的各个生长阶段均可发病，发病率较高。当水质恶化、饵料变质或放养密度过大时易引发此病。

（2）主要症状

病鱼食欲减退或不摄食，腹部膨胀，游动迟缓，体表伴有出血点，掀开鳃盖可见鳃丝发白、末端腐烂。剖检时可见病鱼肝脏呈土黄色，腹腔内有积液，腹壁上有瘤状物。

（3）防治措施

严格控制放养密度，保持饲料新鲜且营养丰富，保证养殖水质优良。对于该病的治疗和控制，采用全池泼洒青霉素400万单位/亩和链霉素500万单位/亩的方法，有一定效果。

2. 气泡病

气泡病是因水体中某种气体过度饱和而引发的一类非传染性疾病。

（1）流行特点

春夏之交为气泡病的发病高峰期。当养殖水体中的溶解气体（一般是氧气和氮气）达到过饱和状态时，水中游离形成的微小气泡附着在鳃丝表面形成空气"隔膜"，阻断水与鳃丝表面接触和气体交换，同时气泡刺激鳃丝分泌大量黏液，进一步隔断鳃与水体溶解氧交换，可导致鳃丝损伤，甚至机体缺氧死亡。这时水体中的溶解氧、硫化氢、氨或氮等气体过于饱和形成气泡。一般水体溶氧量含量高于溶氧饱和度125%被认为有危险性，若高于300%则对鱼类有致死性。该病主要危害鳜幼苗，损伤鳃、肠及血管等。

（2）主要症状

病鱼的鳍条、鳃和皮肤上附着众多的气泡，眼球突出、充血，皮下肿胀，鳍条充血发红，并从末端开始腐烂（图7-19）。

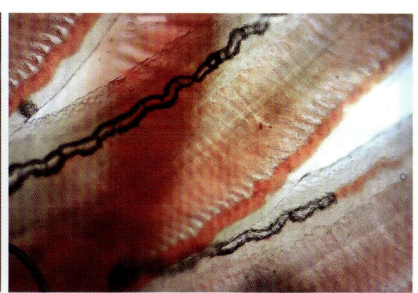

图7-19　显微镜下鳜苗种气泡病的鳃组织

（3）防治措施

降低放养密度，及时换注新水，保持水质清新。此外，可通过泼洒盐水（1.5～2.0 kg/亩）减轻此病。

3. 肝胆综合征

主要是由饲料能量太高，或脂肪含量高造成的脂肪代谢障碍引起。

（1）主要症状

高密度养殖中常见肝胆综合征，导致鳜食欲降低，养殖周期延长，养殖成本增加。主要表现为肝肿大、肝发白、花肝、脾脏肿大、脾脏白点等临床症状，以肝脏贫血发白呈现"花肝"状、触碰后易碎最常见。该病的病程较长，严重时肝脏肿大，局部可见黄点、白点或红点；病鱼的脾脏明显肿大变色有白点，严重的出现黑色坏死。鱼体免疫力下降，易受其他病原体侵袭，伴有烂鳃、烂尾、烂身、肠炎、腹腔充血等症状（图7-20），易引发肠炎、诺卡

氏菌病等，常被误诊。

（2）流行特点

该病全年可见，尤其在高温季节（如广东的6—10月）易发病，死亡率可超过50%，常易误诊为生物性病原引起的病害。鱼体免疫力和应激耐受性也会受到影响，导致鱼体对病害的抵抗能力下降，发病率及死亡率增高，一旦发病往往死鱼不断，治疗困难。该病具有发病慢、恢复慢、无传染性和死亡率高等特点，常发生于中、大规格鱼，当投喂量不合理或用药周期过长时，易发该病。

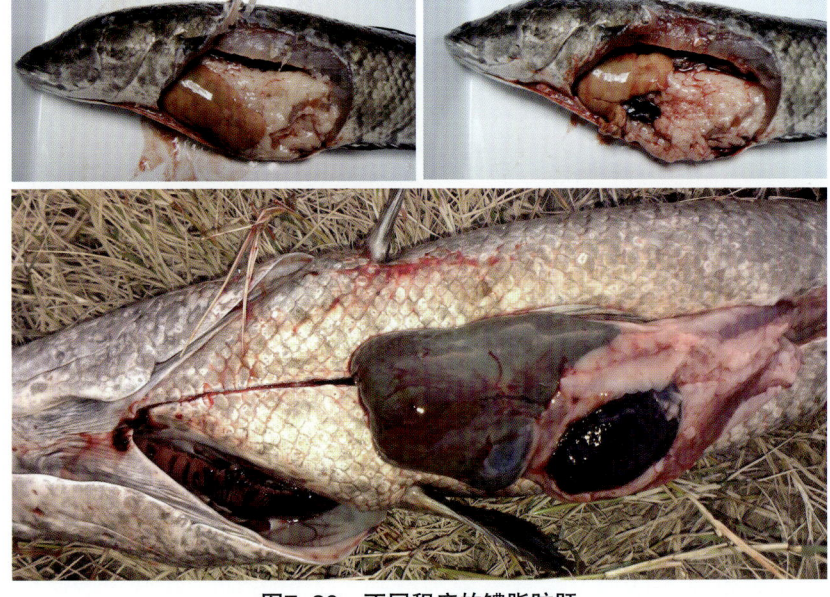

图7-20　不同程度的鳢脂肪肝

（3）防治措施

该病由营养代谢紊乱引起，养殖过程中应及时混饲投喂维生素和中草药，保肝护胆，提前做好预防。如已经发病，可在饲料中添加胆汁酸、甜菜碱或益生菌等，并搭配维生素预混料，强化消化系统功能，迅速调整代谢。

二、鳢病害诊断技术

正确诊断是科学选药、有效防治疾病的基础。面对实际生产问题，大多时候需要渔医根据自己所掌握的鱼病学等专业知识和临床经验，运用临床思维和诊断思维有关方法，在观察、分析、评价、整理临床资料的基础上，经推理判断，对疾病提出初步诊断，并及时采取措施挽救生产损失。

鳢患病后，不仅在体表或体内呈现出各种症状（如溃疡、出血、白点等），而且它们在行为上也会表现出各种异常状况（如翘尾巴、浮头、趴边等），这些异常状况往往也是疾病诊断的重要依据。鳢病除了因病原体感染或侵袭外，还有诸如机械损伤、物理和化学因子的影响、营养不良等非病原因素。因此，需同时对环境因子、饲养管理及疾病发生和流行情况进行调查，综合分析，才可能作出正确的诊断。具体的病害现场诊断细节，如图7-21所示。

以鳢为代表的水产养殖动物临床诊断的基本步骤包括4个方面：调查研究，收集资料；分析、评价、整理资料；推理、判断，提出初步诊断；验证、确立及修正诊断（图7-22）。

（一）调查研究，收集资料

收集资料就是收集临床诊断所需要的各种资料，主要包括患病动物的临床症状、疾病的流行特点、发病水体的水质情况，以及必要时进行的辅助实验室检测结果等。

1. 临床症状

疾病是机体与病因相互作用而发生的损伤与抗损伤的复杂过程。不同的疾病临床异常表现不同，是建立临床诊断的重要依据之

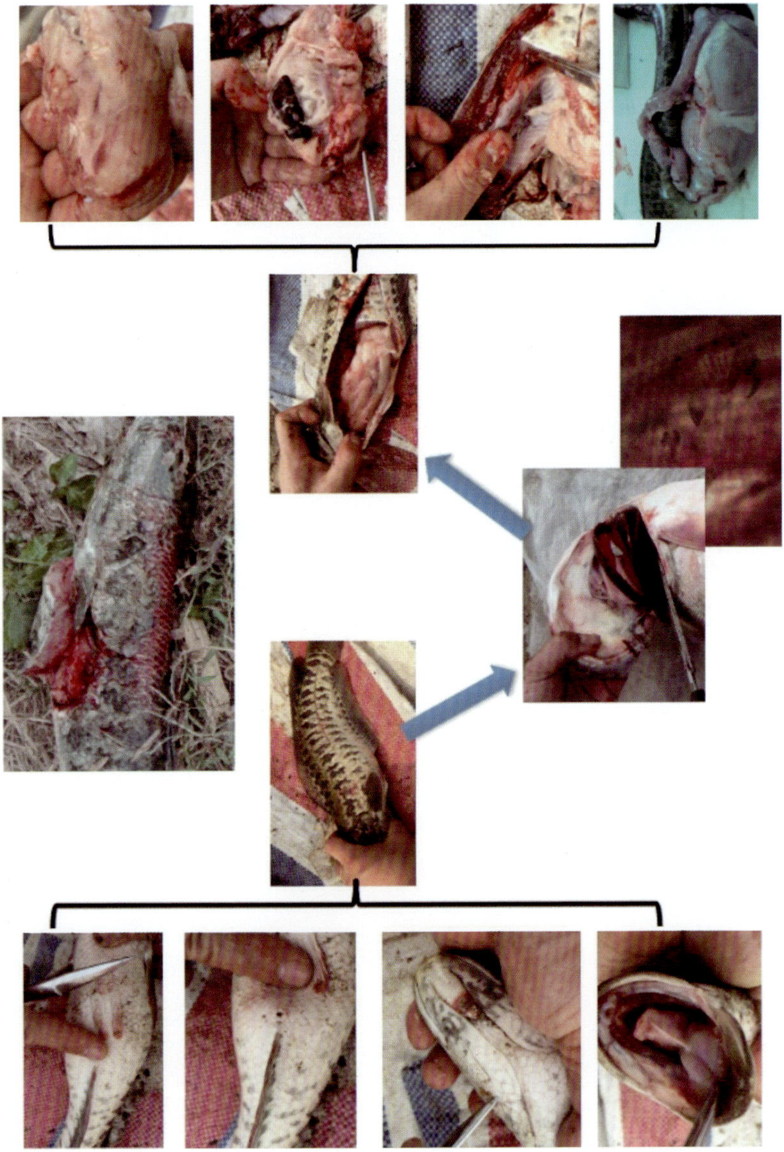

图7-21 鳢病害现场诊断细节

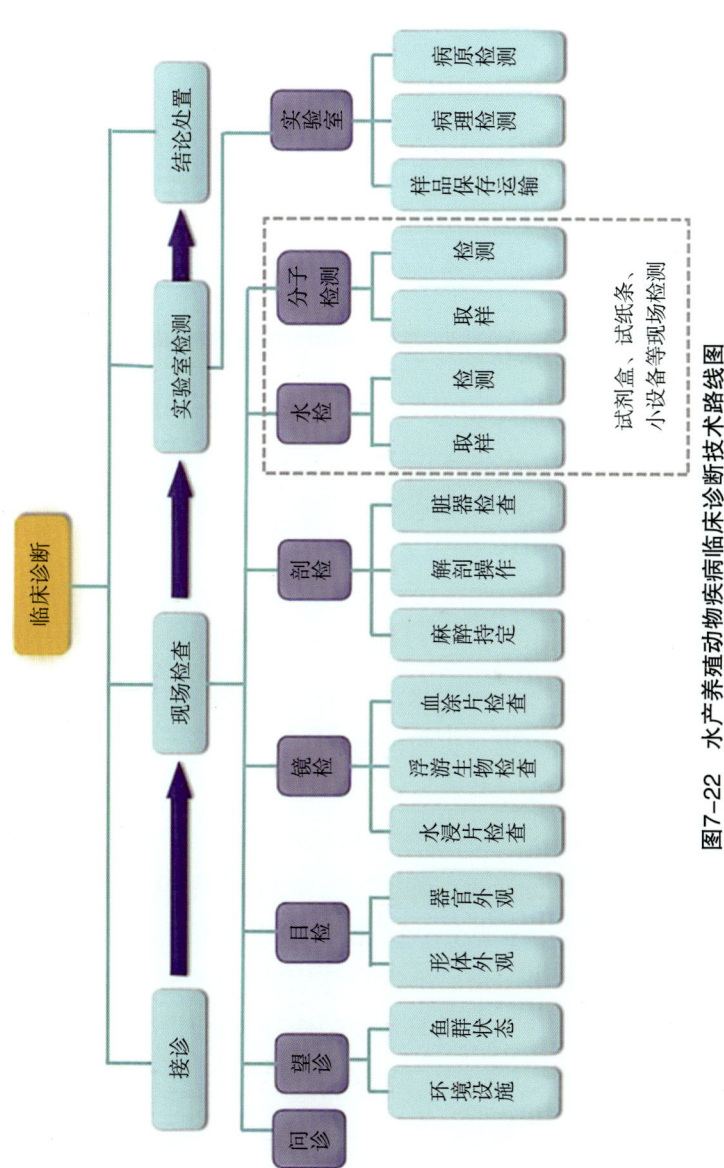

图7-22　水产养殖动物疾病临床诊断技术路线图

一。鳢疾病所表现的症状包括水体中的症状、体表症状、鳃部症状和内脏症状。

2. 流行特点

疾病的流行病学特征也是诊断疾病的重要依据，包括可能的传染源及传播途径（对传染病而言），生产管理操作、天气变化和水质变化对疾病的影响，以及疾病的发病率、死亡率、急慢性发病、病程周期性特征（病程、死亡高峰到来时间、持续时间）等。

3. 水质检测

水质检测包括水体的生物指标、物理指标和化学指标，包括水温、水色、透明度、溶解氧、pH、氨氮、亚硝酸盐、碱度、硬度、浮游生物组成及丰度等，以及这些指标在发病前后的日变化情况，在疾病诊断中具有重要意义。

4. 辅助检查

目前水产动物疾病临床诊断应用较多的辅助检查包括细菌分离培养和观察、PCR病原检测，现场涂片、印片后染色和石蜡病理组织切片等。当收集的临床症状、流行特点和水质检测资料无法提供诊断线索时，或需要进一步验证初步诊断时，需要选择性地进行必要的特殊或辅助检查、检验。对于新的疾病或饲料毒素、水体中特殊污染物等还需要送相关检测机构或研究机构进行更进一步的检测，为临床诊断提供依据。虽然发病季节各不相同，但有些病全年都会发生，特别是其中的弹状病毒病，可感染鱼苗、幼鱼和成鱼。根据目前国内外相关报道，确诊的病因主要分为五大类，即病毒、细菌、真菌、寄生虫与营养环境应激性等其他因素（表7-1），其辅助诊断的方法也不同。

表7-1　已有报道鳜养殖期间确诊主要病害统计

病原分类	名称	诊断方法	防治方法
病毒	弹状病毒、大口黑鲈虹彩病毒（蛙属虹彩病毒）、传染性脾肾坏死病毒（细胞肿大属虹彩病毒）、神经坏死病毒	核酸检测、典型症状临床检验、流行季节死亡率估计、水质检测	无特效药，主要通过疫苗、中草药、维生素、免疫增强剂及水质、底质调节等进行防控
细菌	诺卡氏菌、迟缓爱德华氏菌、维氏气单胞菌、嗜水气单胞菌、柱状黄杆菌、点状气单胞菌、弗氏柠檬酸杆菌、鲁氏耶尔森菌病	核酸检测、典型症状临床检验、细菌病原分离、流行季节死亡率估计、水质检测	使用抗生素、消毒药等虽能一时控制，但主要还是通过微生态制剂、中草药、维生素、免疫增强剂及水质、底质调节等进行防控
真菌	鳃霉、水霉、丝囊霉菌、镰刀菌	显微镜镜检、典型症状临床检验、流行季节死亡率估计、水质检测	使用抗真菌药虽能一时控制，但主要通过中草药、维生素、免疫增强剂及水质、底质调节等进行防控
寄生虫	车轮虫、斜管虫、隐鞭虫、锥虫、小瓜虫、指环虫、杯体虫、毛管虫、累枝虫、锚头鳋病	显微镜镜检、典型症状临床检验、流行季节死亡率估计、水质检测	使用杀虫药、消毒药等虽能一时控制，但主要还是通过微生态制剂、中草药、维生素、免疫增强剂及水质、底质调节等进行防控
应激性	气泡病、"熟身"病、代谢障碍综合征、"血窦"病	显微镜镜检、典型症状临床检验、流行季节死亡率估计、水质检测	主要通过水质、底质调节、微生态制剂、中草药、维生素、免疫增强剂，及时改进管理等进行防控

　　不是所有的水产动物疾病临床诊断都需要全面收集以上5个方面的资料，不同的疾病临床诊断所需资料的侧重点不同。越容易诊断的疾病、越有经验的渔医所需要的资料越少。

（二）分析、评价、整理资料

对临床症状的分析要透过现象看本质，对临床症状、流行特点、水质检测及辅助实验室检测资料加以综合分析、归纳整理，分清主次，找出关键资料，从而把握疾病的整体特征和抓住疾病的关键特征。例如近几年春天大规格鳢都发生体表局部脱黏，脱黏处滋生水霉菌，造成大量死亡。表面上是水霉菌感染，很多人就误认为是水霉病，按照水霉病处理，结果越用药死亡越严重。但解剖发现发病鱼都有腹水，胃、肠道出血，脾脏肿大、发黑等细菌性或病毒性败血症症状，最初开始上浮的发病鱼也没有体表脱黏和水霉症状，其实这个病的本质是低温期的弹状病毒性败血症，水霉病只是体表脱黏后的继发感染。

（三）推理、判断，提出初步诊断

在以上分析、评价、整理临床资料的基础上，渔医根据自己所掌握的鱼病学等专业知识和临床经验，经推理、判断，对疾病提出初步诊断。如发病鳢体表深度溃烂，有的有挂脏，肠道发红，发病水温18 ℃，初步诊断为丝囊霉菌引起的综合溃疡症，继发水霉病；肝脏压片和染色后有诺卡氏菌（图7-23、图7-24），可作为初步诊断的直接依据；亚硝酸盐从0.04 mg/L突然升高到3 mg/L，氨氮从0.8 mg/L下降到0.02 mg/L，上浮鱼鳃丝发紫，可以初步诊断是亚硝酸盐中毒；如忽然各种鱼都出现无征兆地乱窜、跳跃，向岸上冲的症状，检测常规水质指标无异常，就可以初步诊断是药物或其他中毒，应立即换水和转塘，再查原因。

图7-23　鳜诺卡氏菌病初期现场解剖

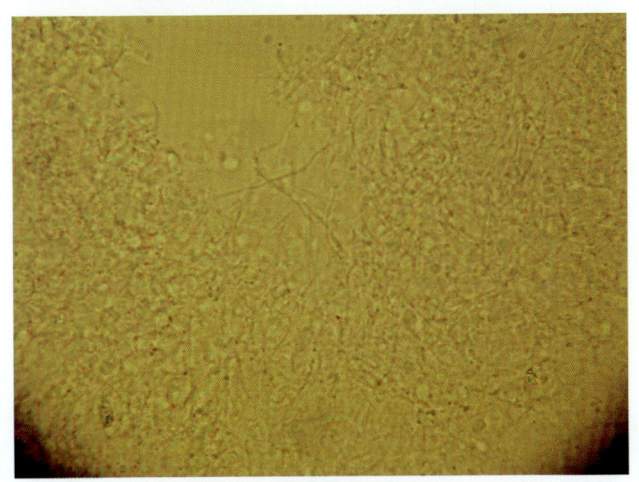

图7-24　鳜诺卡氏菌病肝脏压片观察（1 600×）

（四）验证、确立及修正诊断

临床初步诊断可作为制定防治措施的依据，而初步诊断是否正确，还要经防治实践的效果来验证。采取相应措施，出现显著的治

113

疗效果，一般说明初步诊断正确，若达不到预期治疗效果，需要重新收集资料，修订错误诊断或建立新的诊断。

以上临床诊断的4个步骤不是孤立存在的，有经验的渔医在收集诊断资料时，同时进行分析、评价资料，形成初步诊断，再收集新的资料，验证或否定初步诊断，反复不断地进行实践、认识、再实践、再认识的过程，以取得最后的正确诊断。

三、主要病害综合防控技术

准确诊断，其目的是对症下药，及时止损。但在实际生产中，更重要的是以预防为主，防治结合，构建病害综合防控技术。针对鳢养殖生产中危害严重的疾病，在流行病学调查与风险评估基础上，制定风险点控制策略，从消灭传染源、切断传播链、构建防疫屏障等3个方面入手，结合病原监测、亲本疫病净化、无病毒苗种生产、苗种免疫接种、生态调控等技术措施（图7-25），实现鳢主要病害免疫防控，并从源头上保障因病导致的产品质量安全，提升鳢病害防控水平，提高养殖效益，保障鳢养殖业的可持续健康发展。

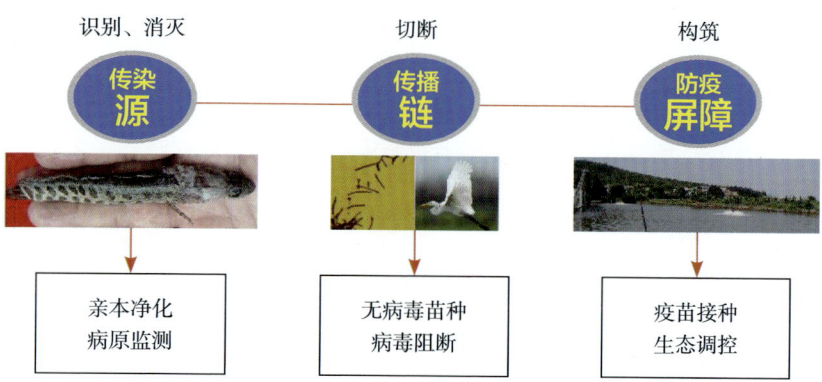

图7-25　鳢疫病免疫生态区域化综合防控技术原理

（一）主要的病害防控技术

1. 水产疫苗

水产疫苗的研发已经成为当前研究热点和重点。我国有7种自主研发疫苗已获得国家新兽药证书，2种进口疫苗获得新兽药证书，5种渔用疫苗获得生产批文，用于商业化生产并推广应用，同时成功筛选出多种免疫佐剂，用于促进疫苗抗原经浸泡或口服免疫途径吸收，从而提高疫苗的保护效果。虽然现在尚无针对鳢的疫苗应用，但普遍感染淡水鱼的嗜水气单胞菌等病原的疫苗制品，无论是注射免疫接种还是浸泡免疫接种，都可以应用于鳢生产中，特别是苗种生产，提高其对病害的免疫预防能力。疫苗浸泡免疫接种现场与操作过程如图7-26所示。

图7-26 疫苗浸泡免疫接种现场与操作过程

2. 微生物拮抗

有些微生物可分泌抗生素抑制其他微生物的生长，这种同一生态位中不同微生物间出现生长抑制的现象又称为"生物拮抗"。用于水质调节的微生物制剂中的有益微生物，如光合细菌、芽孢杆菌、放线菌、蛭弧菌、硝化和反硝化细菌等，对病原菌具有拮抗作用，在降低水中氨氮的同时，也有效抑制了病原菌的暴发。

3. 调节水质

鱼终生生活在水中，水质的好坏对鱼的健康影响巨大。在养殖过程中，大量的饲料投入水中，残饵、粪便不断积累，在厌氧微生物的作用下，产生各种有毒有害物质，这些物质必须及时消除。水体和底泥中的微生物、无机盐离子对有机物的分解和有毒物质的转化消除具有决定性作用。做好底泥、盐度、碱度、氧气管理，适时添加有益微生物（见"第五章 三、日常养殖管理"），是调节好池塘水质的关键。

养鱼先养水，养水先养泥。底泥与水体之间的物质交换，尤其是溶解氧的供应及矿化微量元素的释放，是维持底泥良好状态和水质稳定的关键。鳢高密度养殖池塘，投料量大，底泥中有机物积累快，必须增加底部氧气供应，并定期进行底改。

总碱度为水质变动的缓冲因子。碱度较高的养殖水体中，pH比较稳定；碱度较低的养殖水体中，pH昼夜变化明显。水的酸碱度稳定，则水中营养盐可利用性高，有利于浮游植物如藻类的稳定生长。一般来说，淡水或低盐度养殖鳢，最低总碱度要求为90 mgCaCO$_3$/L。在病害流行季节或雨季，养殖鳢池水总碱度调高到120～150 mgCaCO$_3$/L，鳢育苗用水的总碱度也要调高到120 mgCaCO$_3$/L以上。调高碱度使用小苏打（NaHCO$_3$）粉、生石灰（CaO）、熟石灰[Ca（OH）$_2$]、碳酸钙（CaCO$_3$）等。以少量多次泼撒为宜。

总硬度是指钙离子和镁离子的含量。钙、镁离子是水中微生物、藻类等生长的必需营养元素，所以养殖用水需要一定的硬度。硬度过低的水中，微生物和藻类生长繁殖受到抑制，即使大量施用微生物制剂，也很难将水调节到"肥、活、嫩、爽"。养殖池塘水的总硬度要求80 mgCaCO$_3$/L以上，一般要求120 mgCaCO$_3$/L以上。调高总硬度一般用普通石灰（碳酸钙）或白云石粉。

4. 营养与肠道健康

饲料作为养殖过程中最大的投入品，对病害发生的影响也至关重要。鳜为肉食性鱼类，不得不摄入淀粉等，且有些饲料为节省蛋白会增加碳水化合物添加量，营养不均衡或饲料质量差极易造成鳜消化道和肝损伤，增加患病风险，需定期添加乳酸菌等调节肠道菌群健康，并增加中草药、维生素等功能性成分提高机体免疫力。

（二）免疫生态区域化综合防控技术

基于以上生产中的探索，逐渐形成免疫生态区域化综合防控技术。

1. 鳜亲本疫病净化及无病毒苗种生产

①应采用无病毒苗种培育后备亲本，培育过程中应接种鳜弹状病毒病、嗜水气单胞菌败血症等主要疾病疫苗，且经多途径、多次强化免疫，培育过程中至少进行3次病毒监测，发现阳性及时淘汰带毒后备亲本群体。

②亲本选用前需对后备亲本再一次病毒抽检，淘汰阳性全体，选留群体的每条亲鱼应进行病毒无创检测，确保每条亲鱼均不带病毒。

③保持繁殖单元的有效隔离，防止一切外来病原引入生产单元，保持单元内人流、物流单向流动，尽可能减少交叉污染。

④繁殖过程中需对受精卵、水花、生物饵料等活体生物进行病

117

鳢健康养殖技术

毒阻断，采取合适方法进行消毒处理。

⑤做好水体、养殖设施、生产工具消毒，采用臭氧等对水源和养殖水体消毒，养殖设施、生产工具等采用化学消毒等方式进行消毒。

2. 区域化疫苗免疫接种

①在区域流行病学调查和风险评估的基础上，针对性选择特定株型的鳢弹状病毒病疫苗和嗜水气单胞菌等细菌性疫苗。

②根据区域鳢养殖模式、生产周期、历史发病规律及生产操作的可行性，制订鳢养殖全程免疫方案，按计划进行全区疫苗免疫接种。

③免疫后鱼体做好消毒等措施。常采用聚维酮碘对鱼体进行浸泡处理，并在免疫后2～3天用二氧化氯等全塘泼洒。

④对免疫后群体进行鳢弹状病毒、嗜水气单胞菌、维氏气单胞菌等病原监测，发现异常及时对相关群体进行紧急免疫接种。

3. 生态调控提高鳢非特异性防疫屏障

①在区域水土调查分析的基础上，根据需要调整水体碱度和硬度，养殖全程定期泼撒生石灰或过氧化钙调节水体总碱度、总硬度，改善池塘缓冲能力，提高池塘初级生产力。

②采用酵母菌、光合细菌、芽孢杆菌等调节池塘水质，将养殖过程中产生的残饵、粪便及其他的有害物质迅速分解，保持水质"肥、活、嫩、爽"。

③定期添加维生素、中草药、矿物盐等功能性添加剂，调节肠道菌群，保肝护胆。

④保障生产期间电力供应，日常做好应对天气预报预警，科学使用增氧机、水质检测仪等设备，根据季节和气温变化及时调水改底，全过程监测好水质因子。

118

第八章
鳢的加工和流通

一、鳢的加工

随着消费模式的转变，无肌间刺、新鲜加工预处理的水产品受到欢迎，精深加工是未来发展的大趋势。鳢营养丰富，肌间刺较少，肉质细腻，具有术后滋补的药用价值，其精深加工产品具有广阔前景。

（一）鳢的加工价值

鳢蛋白质含量高，尤其是白蛋白含量丰富，氨基酸种类繁多，含有人体所需的全部必需氨基酸，氨基酸组成接近FAO/WHO标准，Glu、Asp、Gly、Ala等鲜味氨基酸含量丰富，EAA评分为0.84～1.73，各种氨基酸的比例合理，符合人体对氨基酸的需求。鳢肌肉中以二十碳五烯酸和二十二碳六烯酸为代表的n–3系脂肪酸含量较高，K/Na远大于1，为高钾低钠的健康食品，Ca/P小于0.5。

我国从古代开始就倡导食疗，"凡欲治病，先以食疗，即食疗不愈，后乃药耳，是药三分毒"。药物的毒性大于食物，尤其以西药为典型，一般对人体都有副作用。鳢肌肉具有抗氧化、促进伤口愈合、调节心血管、治疗骨关节炎及抗抑郁等疗效。依据鳢的药理作用研制的复方鳢胶囊具有促进伤口愈合的作用，复方鳢口服液具有抗抑郁的作用。鳢提取物能降低大鼠血浆、胰腺、肝脏和睾丸中的丙二醛含量，丙二醛含量是糖尿病监测的关键生物标志，说明鳢具有潜在的对抗糖尿病的功效。外用鳢提取物乳胶可增加中性粒细胞和巨噬细胞数，增加成纤维细胞数，缩短大鼠创面长度。鳢提取物对牙周致病菌（牙龈卟啉单胞菌和伴放线放线杆菌）有一定的抗菌作用，可用来预防和治疗牙齿疾病。因此鳢作为一种兼顾营养与药用双重价值的水产品，具有广阔的市场。

（二）鳢的加工技术

水产品加工流通业连接生产和销售两端，是渔业三大传统产业之一，也是现代渔业产业体系的重要组成部分。积极探索水产品和加工副产物的高值化开发和综合利用，推进水产加工业不断向精深加工方向拓展，成为目前渔业适应居民消费结构升级，有效转方式、调结构、降产能、减污染的重要举措。目前市场上的鳢产品以鱼片为主，鱼汤的加工工艺仍处在实验室研究阶段，对其加工副产物利用的需求显得十分迫切。

1. 鳢鱼片的加工

鱼片作为一种食用方便的水产加工品，受到广大消费者的喜爱。鱼片的加工是鳢加工的主要手段，其加工工艺流程为：原料选择→三去→清洗→取片→修整、清洗→切片成型→调味或不调味→速冻→包装→产品。

2. 鳢鱼汤的加工

针对鳢的加工方式以传统鱼类加工方法为主，鱼头、鱼骨、内脏的利用率偏低，不仅造成水产资源的浪费，还对环境造成污染。"宁可食无肉，不可食无汤"，鱼汤因味道鲜美、营养丰富、营养物质易被吸收，并且对肠胃造成的压力小而广受欢迎。与其他动物性肉汤相比，鱼汤中富含DHA和EPA等不饱和脂肪酸，鲜味浓郁，特别适合体虚的人及孕期和哺乳期的妇女食用。油煎、常压（100 ℃）熬煮、高压（115 ℃）熬煮、机械破碎等加工工艺处理可用于鱼汤制作，高压和破碎有利于营养成分从鱼肉溶解到汤中，经高压处理的鱼汤中的蛋白质、脂肪、氨基酸、矿物质元素含量显著高于在常压条件下熬煮出的鱼汤。随着煮制过程的延长，鲜味氨

基酸逐渐被溶解出来，汤中的鲜味氨基酸含量增加。

3. 鳢的保鲜技术与品质

低温保鲜是鳢保鲜技术最常用的手段，常见的低温保鲜技术包括微冻保鲜技术、冻藏保鲜技术和不冻液冻结保鲜技术。温度对鳢肌肉的理化特性及营养成分变化具有显著影响。包装保鲜技术、涂膜保鲜技术及化学保鲜技术能有效减少微生物的生长，延长鳢产品的货架期。研究表明，微冻保鲜和冻藏保鲜对鳢肌肉品质有影响，微冻贮藏使鱼肉有较好的持水性，肌肉的质构特性也保持得较好；通过扫描电子显微镜和光学显微镜观察微观结构，经过微冻贮藏肌肉的组织结构比较完整。不冻液冻结比空气冻结更有利于鱼肉品质的保持。此外，不同解冻方式也影响鳢肌肉品质，低温解冻和流水解冻更能保证鳢的品质，低温解冻消耗时间长，适用于少量且解冻时间要求低的鱼肉解冻；流水解冻后鱼肉的品质会稍有降低，但所用时间短，适合工业化、规模化生产。

4. 鳢的其他保鲜技术

常见的淡水鱼保鲜技术还有包装保鲜技术、涂膜保鲜技术及化学保鲜技术等。对鳢鱼片进行包装保鲜能显著延长货架期，托盘包装、真空包装、CO_2气调包装货架期分别为6天、9天、12天，经高氧气调包装和紫苏叶提取物处理的鳢鱼片货架期能延长至15天，不经包装处理的鳢鱼片货架期只有3天。用添加肉桂醛的乙烯-乙烯醇共聚物薄膜对鳢鱼片进行处理，也具有很好的保鲜效果。

涂膜保鲜技术是将一些天然物质，如壳聚糖、海藻酸钠等涂抹到鱼体表面，调节表面气体环境，抑制微生物，防止肉中汁液损失。含有肉桂或肉桂和乳酸链球菌素的海藻酸钙涂膜能有效保持鳢贮藏过程中的品质。

化学保鲜是在水产品中添加保鲜剂，达到延长水产品贮藏期的目的。经过低盐腌制的鳢肌肉感官评分较高，能延缓其在贮藏过程中pH、TVB-N含量的上升，降低蒸煮损失率，能一定程度保持其嫩度，延长货架期。葡萄籽是酿酒和葡萄果汁工业的副产品，含有丰富的酚类化合物，葡萄籽提取物是一种天然植物物质，能抑制鳢鱼片冷藏过程中微生物的数量，将鳢鱼片的保质期延长3天。

二、鳢产品的流通

水产品流通是连接水产品生产和消费的桥梁，关乎渔业发展、渔民利益和消费者健康。水产品是易腐、易烂和易损产品，对运输和储存的要求高于一般的鲜活农产品。我国鳢产业呈现出生产高度集中、全国消费的特点，仅广东主产区生产量占全国57.7%，其他省均不超过10%，这就决定了鳢的生产销售高度依赖流通环节。

（一）我国水产品流通的主要模式

根据实际情况，目前我国鳢的流通主要包括以下4种模式。

1. 批发商主导

批发商主导的流通模式是我国水产品流通最主要的模式，在这种流通模式下，渔民是水产品的提供者，批发商是水产品流通的中介，消费者是水产品的需求者。待售水产品由批发商检验、定价后，被批量运输至目的地，转卖给超市、餐饮企业或其他零售商，最终销售给消费者。这种模式的物流中间环节多、成本较高，批发商对产品的定价话语权较大。

2. 合作社主导

在合作社主导的流通模式下，合作社在水产品生产、运输和销售过程中发挥核心作用。由于渔民个体抵御风险能力较差，且存在"小生产"与"大流通"之间的矛盾，一些地区将分散的渔民组织

起来成立合作社，从而获得规模化经济效益。渔民负责初级水产品生产，合作社负责提供生产资料和技术指导及联络收购方。合作社将收购方对水产品质量和数量等的要求传达给渔民，同时将渔民对水产品收购价格和支付方式等的要求传达给收购方，并督促双方按照协议开展生产和经营活动。合作社主导的流通模式可避免交易双方信息不对称等弊端，增强渔民的风险抵御能力和盈利能力，有助于缩短水产品流通渠道和降低流通成本，同时有利于推广先进的技术和管理方法。

3. 加工企业主导

在加工企业主导的流通模式下，加工企业通过签订协议与渔民成为合作伙伴，对渔民进行相关技术培训和指导，以获得理想品质的水产品，同时负责水产品的收集、加工和销售。在这种流通模式下，加工企业发挥自身的品牌、技术和服务等优势积极开拓市场，与下游水产品流通主体（批发商、零售商、超市和餐饮企业等）形成长期合作关系，并根据协议要求渔民供应符合质量标准的水产品。这种流通模式的特点主要表现在3个方面：①供应链相对稳定，通过签订协议明确权利、义务和责任，在一定程度上有助于渔民规避市场风险以及加工企业减少交易费用。②加工企业对水产品生产制定相应的质量标准，并对水产品进行统一的加工处理，可更好地满足消费者需求和实现水产品增值，同时提升企业效益。③仍具有一定的风险，即尽管渔民与加工企业已签订协议，但如果水产品供求紧张，导致市场价格严重偏离协议收购价格，有一方不履行协议，另一方将面临巨大损失。

4. 超市主导

超市拥有舒适的购物环境和严控的进货渠道，越来越受到消费者的青睐，超市主导的流通模式逐渐发展为我国主流模式之一。与其他流通模式相比，超市主导的流通模式发生重大改变，即零售商